Manual de Lavadoras *Ing. Miguel D'Addario*

Manual de
Lavadoras
Domésticas e Industriales
Fundamentos, procesos, reparación y mantenimiento

Ing. Miguel D'Addario

Manual de Lavadoras *Ing. Miguel D'Addario*

ISBN: 9781688170247

Primera edición

Comunidad Europea

2019

Manual de Lavadoras *Ing. Miguel D'Addario*

Índice

Autor *11*

Introducción *13*
Lavadora doméstica. Lavadoras industriales
Historia. Evolución **15**
Lavadoras automáticas. Tecnología superior de lavado
Mayor duración de vida útil. Versatilidad y Capacidad **20**
Ahorro de producción. Ayuda al medioambiente
Capacidad de carga. Capacidad de trabajo **22**
Consumo de agua. Reparación

Componentes, funcionamiento y usos *25*
Electroválvula. Grupo motor-bomba
Detector de nivel. Resistencia calefactora **26**
Motor de lavado-centrifugado
Funcionamiento de una lavadora **28**
Circuito eléctrico de una lavadora
Programador. Componentes de la lavadora y averías **33**
Desmontaje de la resistencia
Electroválvula de entrada de agua **37**
Bomba de agua o motor de vaciado. Condensador
Filtro de Red. Programador. Módulo de control electrónico **39**
Presostato. Cierre de Puerta. Motor. Pulsadores. Termostato
Mangueras de entrada y salida de agua. Manguitos **45**
Cable de alimentación de red

Averías *47*
Algunos consejos previos
Síntoma de avería, puntos a chequear. Cajetín del detergente **48**
Carga agua constantemente, llena el tambor y rebosa
Avanzando manualmente el programador, la máquina tira agua
Carga agua constantemente no inicia el lavado, si vacía agua al mover programador y centrífuga **50**
Carga agua constantemente los lavados se alargan en el tiempo más de 2h. No carga agua correctamente
Gaveta del detergente atascada y/o conductos atascados
No carga agua y del tambor sale vaho **51**
Después de un corte de agua en la vivienda no carga agua correctamente

Manual de Lavadoras *Ing. Miguel D'Addario*

En algún punto del programador no avanza y carga agua hasta rebosar. Siempre lava con agua caliente **52**
Salta el diferencial de la vivienda al lavar con agua caliente
No comienza a girar el tambor con carga. Otras averías
Motor no gira, moviéndolo con la mano se consigue que empiece a girar. Motor no gira en lavado si en centrifugado, empujándolo empieza a girar **54**
Huele a quemado o ha salido humo, tambor no gira, en centrifugado gira, pero despacio
Motor no gira o después de girar unas vueltas se para **55**
Tambor gira más rápido de lo normal en lavado y centrifugado
Lavadora Electrónica, inicia al comienzo del lavado el centrifugado, se para, coge agua, la expulsa y se para.
No termina el ciclo de lavado se queda siempre desaguando, bomba siempre activa. Lavadora electrónica, lavado ok, centrifugado lento. No lava con agua caliente **56**
Agua no se calienta adecuadamente
No centrífuga a la velocidad habitual **57**
No centrífuga algunas veces. No centrífuga
No realiza el centrifugado en ocasiones y no carga suavizante
Se queda centrifugando, se debe finalizar manualmente **59**
Al centrifugar da saltos y hace mucho ruido
No vacía el agua correctamente. No vacía el agua **60**
Lavadora de carga superior realiza todo el ciclo menos el centrifugado
No saca agua del tambor, suena al tratar de sacar el agua **61**
Sonido fuerte y agudo o molesto al centrifugar, no es constante aparenta un mugido. Sonido agudo al lavar y sobre todo al centrifugar. El jabón se queda en la gaveta del detergente
Después de lavar no se puede abrir la puerta **62**
Pierde agua en algunos lavados. Bomba de agua pierde agua por el eje
Bomba de agua está activada constantemente funcionando
No entra agua a la lavadora, no inicia el ciclo **63**
Sale espuma por la gaveta del detergente
La ropa no se lava correctamente quedan manchas y sale húmeda. Soporte metálico de la puerta roto
Goma de la escotilla negra con moho. Programador no gira **64**
Modelo electrónico, el programador gira constantemente funcionamiento aleatorio. Carga agua estando apagada
Carga poca agua y muy lentamente, gaveta del jabón no se vacía de detergente. Coge agua solo en algunos programas **65**
Perdidas ocasionales de agua **66**

Manual de Lavadoras *Ing. Miguel D'Addario*

Se va quedando sin agua durante el lavado. Tarda en empezar a funcionar
Después de saltar el diferencial no funciona nada, se enciende el piloto. Salta el diferencial y no se abre la escotilla **67**
Lavadora carga superior no empieza a funcionar
Identificación de los bobinados de un motor. Se sale la correa
Engancha la ropa y la rompe **68**
Lavadora comprada en EE. UU. no funciona en Europa
Ruido en el lavado en ambos sentidos de giro, proveniente de los cojinetes. Ruido que comienza durante el lavado deteniéndose el bombo. Carga frontal problema de cojinetes, síntomas **69**
Suele soltarse la correa del motor
Tambor interno está suelto. Motor lavadora y condensador, aclaraciones. Presostato, aclaración **70**
La máquina da calambre al tocarla
Comprobaciones rápidas y sencillas **73**
No se pone en marcha. No carga agua
Descarga y carga agua continuamente **74**
No desagua. Vibra demasiado
Se para antes de finalizar el ciclo
Larga pausa durante el lavado
Demasiada espuma en la cuba **75**
No se abre la puerta. Test resistencia de la lavadora
Test del cubo de agua. Bomba de agua lavadora **76**
Sustitución de la bomba de agua
Cambio de la goma del tambor escotilla **79**
Sustitución de la goma. Parche en la goma
Extracción del aro de sujetador del interior de la cuba de la lavadora. Dependiendo del modelo de lavadora, para extraer el objeto tenemos dos opciones **84**
Procedimiento. Extracción por el hueco de la resistencia
Podemos tratar de encajarla la resistencia de dos formas **89**
Recambio de cojinetes o rodamientos
La avería de los cojinetes podemos detectarla de la siguiente manera **91**

Lavadoras industriales 97
Sistemas de lavados. Básicamente existen tres tipos de sistemas de lavandería
Sistema formado por equipos convencionales
Sistema integrado llamado continuo
Sistema especial formado por equipos combinados

Manual de Lavadoras Ing. Miguel D'Addario

Instalación de máquinas lavadoras *105*
Administración **106**

Diagrama de flujo de lavandería hospitalaria *108*

Mantenimiento preventivo *109*
Lavadora y extractor de 12.5 kg.
Lavadora mayor de 12.5 kg.
Lavadoras domésticas **112**
Secado
Tómbolas **116**
Planchado y costura
Unidades de ropa y forma **120**
Planchas Eléctricas Domésticas
Máquinas de coser **122**
Supervisión

Lavado de la ropa en lavandería industrial *126*
¿Qué es el lavado? ¿Qué es la detergencia?
¿De qué está constituido el sistema detersivo?
Factores fundamentales lavado textil **128**
Definición general de los poderes fisicoquímicos
Clasificación de los detergentes por su aspecto físico
Atomizados. Semiatomizados **132**
Micronizados
Clasificación de los detergentes por su aplicación **134**
Elementos auxiliares
Detergentes para el prelavado **135**
Detergentes para el lavado en aguas blandas y aguas duras
Detergentes para el lavado en frío y en caliente **137**
Detergentes completos. Detergentes enzimáticos
Auxiliares de lavandería **138**
Agentes de blanqueo basados en cloro
Perboratos y otras persales **142**
Agentes neutralizantes. Suavizantes. Humectantes
Procesos de lavado. Clasificación de la ropa **145**
Procesos lavados generales para ropa blanca de algodón o mezclas algodón – poliéster
Proceso general para el lavado de ropa de color (tinturas sólidas). Procesos de lavado especiales *149*
Importancia del aclarado
Reconocimientos básicos de las fibras **151**
Elementos y agentes de lavandería

Manual de Lavadoras Ing. Miguel D'Addario

Maquinaria *153*
Cuadro sinóptico

Posibles dificultades en el lavado *155*

Prevención de riesgos en lavanderías *157*
El personal de salud en el lavadero
Diagrama de flujo. Servicio de lavadero **161**
Organigrama y estructura física del lavadero
Área sucia. Área limpia **163**
Elementos de protección individual (EPI) para el personal
Etapas en la manipulación de la ropa. Ropa sucia **164**
Planilla tipo. Ropa limpia
Bioseguridad en el hospital **170**
Los principios de la bioseguridad pueden resumirse
Precauciones estándares. Cadena de transmisión **172**
Prevención de IH en trabajadores de la salud, según las vías de transmisión. Elementos de protección individual (EPI)
Medidas para evitar accidentes corto-punzantes **176**
Simbología de prevención y advertencias
Vacunación del personal de la salud **177**
Inmunizaciones que debe recibir todo el personal
Residuos de establecimientos de salud **180**
La gestión interna de residuos comprende
Clasificación de los RES. Señalética para la gestión de RES **182**
Higiene. Recomendaciones finales

Glosario de términos *191*

Anexo: Secadoras *197*
Reparaciones de secadoras
¿Evacuación, condensación o bomba de calor? **200**
Secadoras de evacuación
Secadoras de condensación **201**
Secadoras de bomba de calor
¿Cuánto consume una secadora? **204**
Averías del secarropa
Despiece de un secarropa **206**
Mantenimiento de la secadora
Consejos para arreglar y mantener la secadora **208**

Esquemas *210*
Despiece de una lavadora

Manual de Lavadoras *Ing. Miguel D'Addario*

Circuito eléctrico de lavadora **212**
Diagrama del cableado de una lavadora
Testeo del programador **214**
Contactos del Timer
Tabla de programas **216**
Diagrama interfuncional del proceso
Relación interdepartamental del proceso 217
Diagrama de flujo detallado
Cronograma de tareas proceso de lavandería 218

Simbología *220*

Bibliografía *226*

Autor

Miguel D'Addario es ingeniero eléctrico (UNC), profesor en todos los niveles, desde Formación Profesional a Universitario.

Ha impartido cursos de "Mantenimiento de Máquinas Lavadoras" correspondientes a empresas lavanderas, para la selección de personal de mantenimiento preventivo y correctivo de los equipos de lavandería.

Autor de libros técnicos educativos, ha publicado trabajos relacionados con industria con diferentes editoriales del mundo.

Sus libros se encuentran catalogados en bibliotecas, escuelas, centros y universidades de todos los continentes, tanto para uso del equipo docente como del alumnado, como así también del público en general.

Los libros pueden encontrarse y adquirirse en versión electrónica como en versión papel.

Introducción

Las lavadoras de ropa son artefactos de uso cotidiano en los hogares de todo el mundo. Estos equipos permiten realizar un eficiente lavado de prendas, utilizando ciclos que automatizan la tarea del lavado manual, ahorrando agua y tiempo.

Lavadora doméstica

El ciclo de lavado comienza con el llenado del tambor de la lavadora. Este llenado se realiza con el agua que viene directamente de la tubería, y se detiene al llegar a la marca del sensor de agua (Dicha marca, dependerá de la selección de cantidad de agua por parte del usuario). Luego, comenzará el lavado que se acciona con un motor que mueve el tambor y mezcla de manera continua el agua, el detergente (y otros elementos de limpieza) con la ropa.

El ciclo de lavado continúa con el proceso de enjuague. Se descarga el líquido y comienza el ciclo de enjuague similar al del lavado. Finalmente, se realiza el centrifugado para eliminar la mayor cantidad de agua posible de las prendas, lo que facilita su secado.

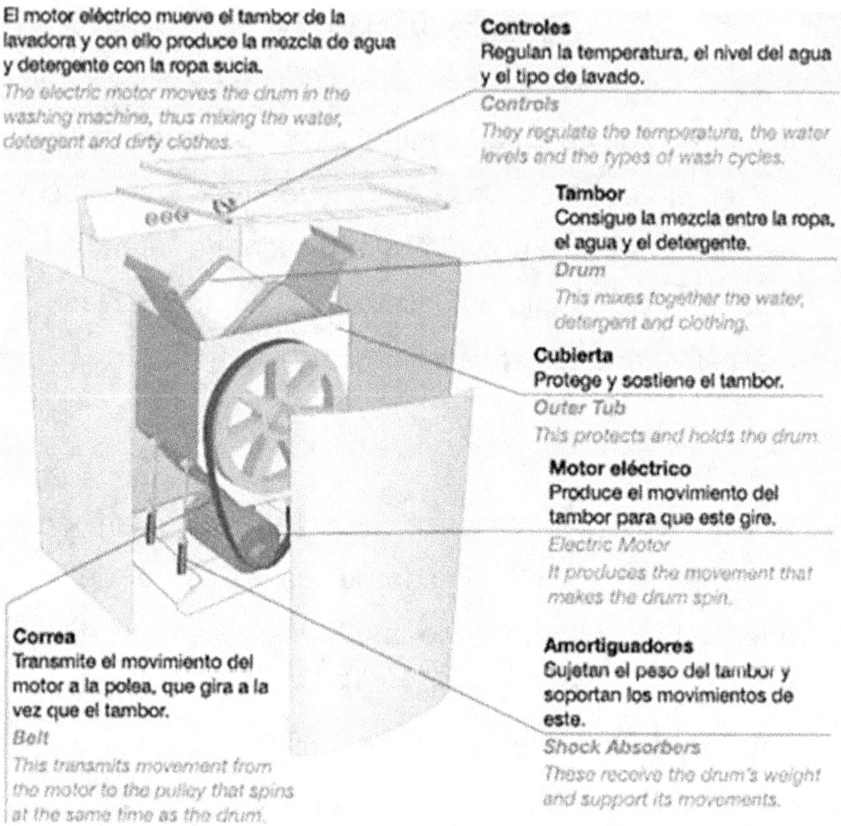

Manual de Lavadoras *Ing. Miguel D'Addario*

El motor eléctrico mueve el tambor de la lavadora y con ello produce la mezcla de agua y detergente con la ropa sucia.
The electric motor moves the drum in the washing machine, thus mixing the water, detergent and dirty clothes.

Controles
Regulan la temperatura, el nivel del agua y el tipo de lavado.
Controls
They regulate the temperature, the water levels and the types of wash cycles.

Tambor
Consigue la mezcla entre la ropa, el agua y el detergente.
Drum
This mixes together the water, detergent and clothing.

Cubierta
Protege y sostiene el tambor.
Outer Tub
This protects and holds the drum.

Motor eléctrico
Produce el movimiento del tambor para que este gire.
Electric Motor
It produces the movement that makes the drum spin.

Correa
Transmite el movimiento del motor a la polea, que gira a la vez que el tambor.
Belt
This transmits movement from the motor to the pulley that spins at the same time as the drum.

Amortiguadores
Sujetan el peso del tambor y soportan los movimientos de este.
Shock Absorbers
These receive the drum's weight and support its movements.

Partes de una lavadora

Lavadoras industriales

Es importante destacar el importante ahorro que supone a finales de mes en cuanto a luz, agua e incluso de detergente gracias a la eficacia con la que lavan las lavadoras profesionales. El consumo de lavadoras industriales es menor si la comparamos con una lavadora de uso doméstico ya que la fuerza de centrifugado consigue reducir el tiempo de secado de la ropa. Además, gracias a que los programas de lavado están diseñados para aprovechar al máximo el uso de agua, será más eficaz el detergente que utilizamos por lo que no se tendrá que gastar tanta cantidad en lavados futuros. Por otro lado, los detergentes industriales permiten dejar la ropa con un alto grado de higiene debido a la formulación de sus componentes son más respetuosos con las prendas y ayudan a reducir las posibilidades de avería en la maquinaria.

Historia

A principios del siglo XIX, en la Europa occidental, comenzaba a difundirse la práctica de meter la ropa en una caja de madera y hacer girar ésta con una manivela. Madres e hijas se turnaban, hora tras hora, para accionar la manivela. Las primeras lavadoras accionadas a mano trataron de aplicar el mismo principio incorporando un dispositivo semejante a un taburete invertido que encajaba en un depósito y presionaba la ropa, escurriendo el agua y permitiendo después que volviera a entrar más. En 1782, Henry Sidgier obtiene una patente británica para una lavadora con tambor giratorio, y en 1862, Richard Lansdale exhibe su "lavadora giratoria compacta " patentada en la Exposición Universal de Londres.

1797 - Nathaniel Briggs inventó la tabla matorral, un dispositivo de mano de obra en la que la ropa se frota enérgicamente a mano.

1843 - John E. Turnbull inventó una máquina de lavar con un mecanismo de escurridor.

1851 -El americano, James King patentó la primera máquina que utilizó un tambor. Se parecía a una máquina moderna, pero fue accionado a mano.

1874 - William Blackstone construyó una lavadora que Fue diseñado para facilitar su uso en el hogar. Esta máquina consistía en una tina de madera en la que había una pieza plana de madera con seis clavijas de madera pequeños.

Evolución
Ya en 1904 se estaban anunciando lavadoras eléctricas en los Estados Unidos, y las ventas norteamericanas habían alcanzado las 913.000 unidades en 1928.

Lavadoras automáticas
Las primeras lavadoras automáticas datan de principios de siglo (1904).
La primera lavadora fabricada en Europa consta de 1951.
Empresas como Whirlpool empezaron con el negocio de las lavadoras.

1908 - Hurley Machine Corporation presenta el Mighty Thor. Inventado por Alva J. Fisher. Era una máquina de tipo tambor con un motor eléctrico y galvanizado bañera. La patente de esta máquina fue emitida el 9 de agosto de 1910.

1911- Whirlpool Corporation, luego Upton Machine Corporation, inicia la producción de motores eléctricos impulsados arandelas escurridor.

1922 - Maytag introduce el sistema agitador para mover el agua alrededor del tambor, en lugar de arrastrar la tela alrededor en el agua.

1930-W John Chamberlain de Bendix Aviation Corporation inventa una máquina que se puede lavar, enjuagar y extraer el agua de la ropa en una sola operación.

1960-Los costos de las máquinas automáticas se redujeron cuando las empresas comenzaron a producir máquinas de doble bañera y este estilo de millones de lavadoras vendidas.

1978 - El primer microchip de la máquina controlada se produjeron.

2000 y más allá de los científicos todavía están trabajando en nuevos modelos de máquinas de lavado para que sean más útiles para todos. Ellos tratan de hacer mejores maneras de limpiar la ropa y hacer que las máquinas duran más.

Tecnología superior de lavado
Gracias a la tecnología empleada de la maquinaria de lavadoras industriales, el lavado presenta una mayor calidad beneficiándose de unos programas o ciclos de

lavado que consiguen dejar la ropa en un excelente estado.

También es necesario destacar que, dado que las lavadoras industriales están diseñadas para trabajar durante horas, la robustez de su equipamiento garantiza una reducción de sus costes de mantenimiento.

Mayor duración de vida útil

Entre las principales características de las lavadoras industriales, se encuentra la duración de la vida útil de este electrodoméstico.

Además de asegurarnos que nuestra lavadora industrial va a acompañarnos durante un largo periodo de tiempo, sus características técnicas de última tecnología ofrecen los mejores resultados posibles de lavado.

Versatilidad y Capacidad

Asimismo, otro de los beneficios que obtenemos es la versatilidad que ofrecen las lavadoras industriales. Gracias a su tamaño, nos permiten lavar desde la ropa de una residencia universitaria a las sabanas y edredones de un hotel.

Permiten lavar prendas voluminosas de la manera más sencilla orientadas al sector de campings, albergues o apartamentos residenciales.

Con ciclos de 38 minutos, perfectas para los clientes que decidan hospedarse en un camping u hotel.

Por otro lado, es habitual el uso de lavadoras industriales en locales de lavandería autoservicio.

Lo habitual es que estas lavadoras industriales tengan una capacidad entre 9 y 10 kilos de ropa, permitiéndonos en caso de tener que hacer grandes coladas ahorrar dinero y tiempo.

Ahorro de producción

Si las lavadoras no tienen no tiene una gran capacidad puede ser un gran inconveniente para un hotel, camping o albergue si se necesita lavar grandes cantidades de ropa a gran rapidez.

Por ejemplo, si un restaurante necesita lavar toda su mantelería o los hoteles un elevado número de sabanas, tener una lavadora industrial, semiindustrial o de autoservicio que permita lavar de una sola vez va a garantizar un importante ahorro energético y de operatividad de las propias instalaciones.

Ayuda al medioambiente

Gracias al uso de lavadoras industriales y la limitación de lavados al lavar con menos frecuencia gracias a su gran capacidad no solo se va a dar un ahorro de energía y agua, además cuidaremos del medioambiente al utilizar menos cantidad de detergente y reducir residuos de jabón vertidos.

Diferencias entre una lavadora industrial y una doméstica

En el mercado hay lavadoras de muy diverso tipo. Hoy vamos a analizar las diferencias entre una lavadora industrial y una doméstica.

Capacidad de carga

En los equipos domésticos la capacidad de carga hace siempre referencia a kilos de ropa mojada, mientras que en las lavadoras industriales la capacidad de carga que se nos indica es siempre la real, es decir, los kilos de ropa seca que podemos introducir en la misma. A ello hay que añadir que una de las principales diferencias entre una lavadora industrial y una doméstica es que la primera siempre tiene mucha más capacidad de carga.

Capacidad de trabajo

Las lavadoras domésticas están pensadas para un uso de moderado a alto y pueden realizar sin problemas entre dos y tres ciclos de lavado a diario. Las lavadoras industriales por su parte están diseñadas para un uso intensivo y pueden trabajar sin problemas de 12 a 14 horas al día.

Consumo de agua

El consumo de agua es una cuestión que preocupa cada vez a más personas. Una lavadora doméstica puede consumir hasta 150 litros de agua por ciclo de lavado, mientras que en una lavadora industrial el consumo se reduce a una media de unos 90 litros. Si tenemos en cuenta que en cada ciclo de lavado de una lavadora industrial cabe mucha más ropa que en una lavadora doméstica, el ahorro es más que considerable.

Reparación

Las lavadoras son electrodomésticos hechos para durar, pero es habitual que con el paso del tiempo alguna de las piezas acabe estropeándose. En el caso de las lavadoras domésticas el precio de las piezas de recambio hace que muchas veces la reparación no sea rentable y sea más beneficioso plantearse la adquisición de una nueva lavadora. En el caso de las lavadoras industriales no hay problemas a la hora de encontrar piezas de recambio y además sus componentes están reforzados para ofrecer una mayor durabilidad.

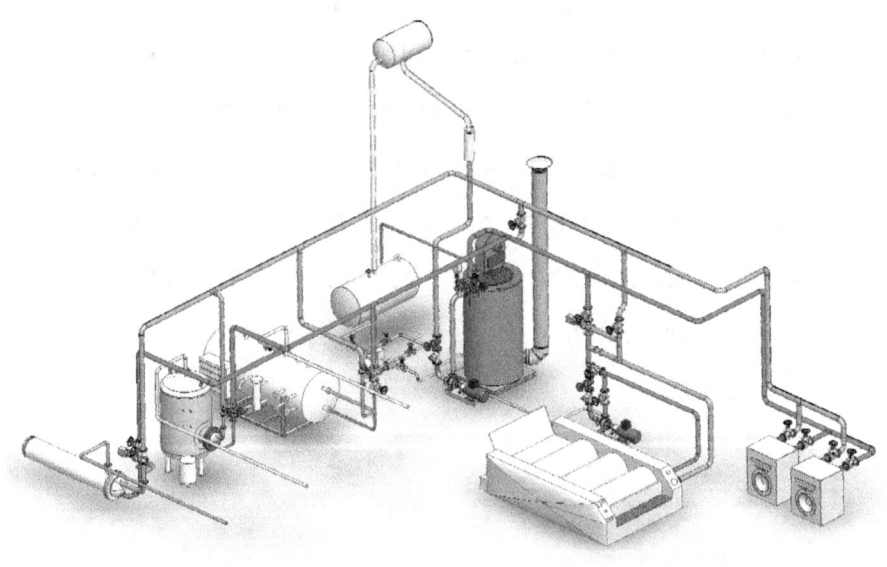

Detalle lavandería industrial

Componentes, funcionamiento y usos

Una lavadora equivale, eléctricamente, a un curioso y valioso electrodoméstico cuyo sistema de funcionamiento es digno de tener en cuenta.

La pieza fundamental de toda lavadora es el programador, el cual se encarga de coordinar el funcionamiento de los distintos elementos de que se compone una lavadora.

Estos elementos son:
1.- Electroválvula.
2.- Grupo motor-bomba.
3.- Detector de nivel.
4.- Resistencia calefactora.
5.- Motor de lavado-centrifugado.

Electroválvula

La electroválvula es un dispositivo mediante el cual se llena de agua la lavadora.

La bobina de un electroimán, alimentada a 220 V., acciona una membrana que deja paso o corta el caudal de agua.

Cuando se aplica tensión a la electroválvula, el paso de agua a la lavadora queda abierto, admitiendo un caudal que depende de la presión del agua de la red de suministro, y que suele ser de 8 litros por minuto, para una presión de red de 2 kg/cm^2.

Grupo motor-bomba

Se trata de un pequeño motor, 150 VA. de consumo, acoplado a una pequeña bomba, capaz de sacar un caudal de agua del orden de 22 litros por minuto. El cuerpo de la bomba lleva incorporado un tape que accede a un filtro de desagüe.

Detector de nivel

La misión del detector de nivel es dejar que la lavadora se llene de agua hasta una altura determinada, aproximadamente 13 cm. Un pequeño tubo introducido en el interior del tambor acciona por presión a una membrana que actúa sobre un contacto conmutado (un contacto se abre y el otro se cierra). Esta no es la única misión del detector de nivel, ya que, si el nivel de agua sigue subiendo por cualquier motivo, voluntario o involuntario, al sobrepasar en 12 cm. el nivel anteriormente descrito, 13 + 12 = 25 cm.,

Manual de Lavadoras *Ing. Miguel D'Addario*

se cierra un nuevo contacto cuya misión, como veremos más adelante, será la de poner en marcha el grupo motor-bomba. Esto es lo que da lugar a lo que más tarde llamaremos segundo nivel de llenado.

Resistencia calefactora

La resistencia calefactora tiene como misión calentar el agua a un valor prefijado por un termostato. La potencia consumida por esta resistencia es de 3000 W.

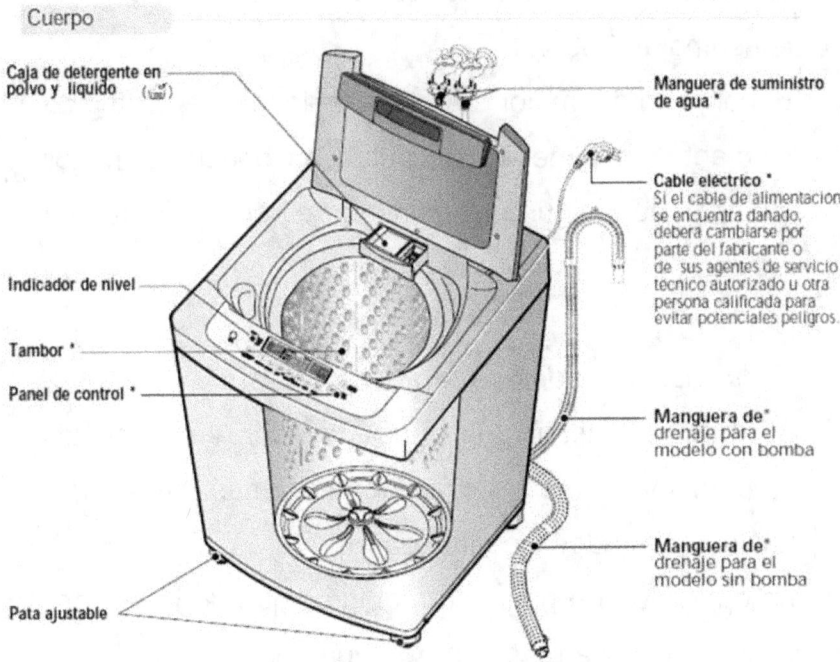

Detalles del cuerpo de una lavadora

Motor de lavado-centrifugado

Se trata de un motor de doble devanado, uno para la operación de lavado y otro para la de centrifugado.

El devanado para la operación de lavado confiere al motor una velocidad de 450 rpm y un consumo de 300 VA.

Mediante un condensador, es posible invertir el sentido de giro del motor, operación ampliamente repetida en los ciclos de lavado.

El devanado correspondiente al centrifugado imprime al motor una velocidad de 2.800 rpm y tiene un consumo de 750 VA.

El conjunto del motor se halla térmicamente protegido mediante un bimetal que auto desconecta el motor cuando por alguna circunstancia se calienta en exceso.

Funcionamiento de una lavadora

El funcionamiento de una lavadora se centra fundamentalmente en cuatro operaciones: prelavado, lavado, aclarados y centrifugado.

La operación de prelavado, al igual que la de lavado, consiste en una recogida de agua con detergente, un movimiento cíclico del tambor con sucesivas inversiones del sentido de giro, y un calentamiento simultáneo del agua. Transcurrido un cierto tiempo de prelavado o lavado, se procede a un segundo llenado, hasta el segundo nivel, seguido de un vaciado. Los aclarados consisten en sucesivos llenados, primero a un nivel y luego al llamado segundo nivel, seguidos de movimientos cíclicos con inversiones del sentido de giro. Cada uno de estos ciclos termina con un vaciado. El centrifugado tiene por objeto extraer el agua de las prendas lavadas, por lo tanto, durante este tiempo se procede también a un vaciado.

Circuito eléctrico de una lavadora

El circuito eléctrico de una lavadora es relativamente sencillo, así como su funcionamiento. Si suponemos cerrados el interruptor general I.G., el de puerta I.P. y el de línea 22-2, la electroválvula a través del contacto 51-52 cierra circuito y, en consecuencia, empieza a entrar agua a la lavadora (la electroválvula se halla en serie con el motor-bomba, pero esto no supone ningún inconveniente, ya que la impedancia de la electroválvula es mucho mayor que la del grupo motor-bomba). Cuando el nivel del agua ha alcanzado el valor determinado por el detector de nivel, el contacto 51-52 se conmuta y pasa a la posición 51-53, el cual deja a la resistencia de caldeo en posición apta para funcionar siempre que el contacto 7-27 del programador lo permita, así como el termostato C.T.

Si el contacto del programador 13-21 se cierra, la electroválvula también se acciona, llenando la lavadora hasta nuevo nivel "segundo nivel". En el caso de que este nivel fuera sobrepasado, el contacto 51-53 pasaría a la posición 51-53-54, con lo que se pondría en marcha la bomba y se vaciaría el exceso de nivel. El grupo motor-bomba se acciona también cuando el contacto del programador 13-29 se cierra. El motor de lavado está en posición cuando los contactos 28-08 y 23-3 están cerrados, siendo el contacto 13-25 el que determina su puesta en marcha. Los contactos 45-41 y 45-42 conectan a un lado u otro el condensador, con lo que se consigue la inversión del sentido de giro del motor. Cuando los contactos 28-8 y 23-03 están cerrados, el motor se encuentra en posición de centrifugado, siendo el contacto 24-8 quien determina su puesta en marcha. El pulsador manual E.C. de exclusión de centrifugado sirve para eliminar, si se desea, esta función.

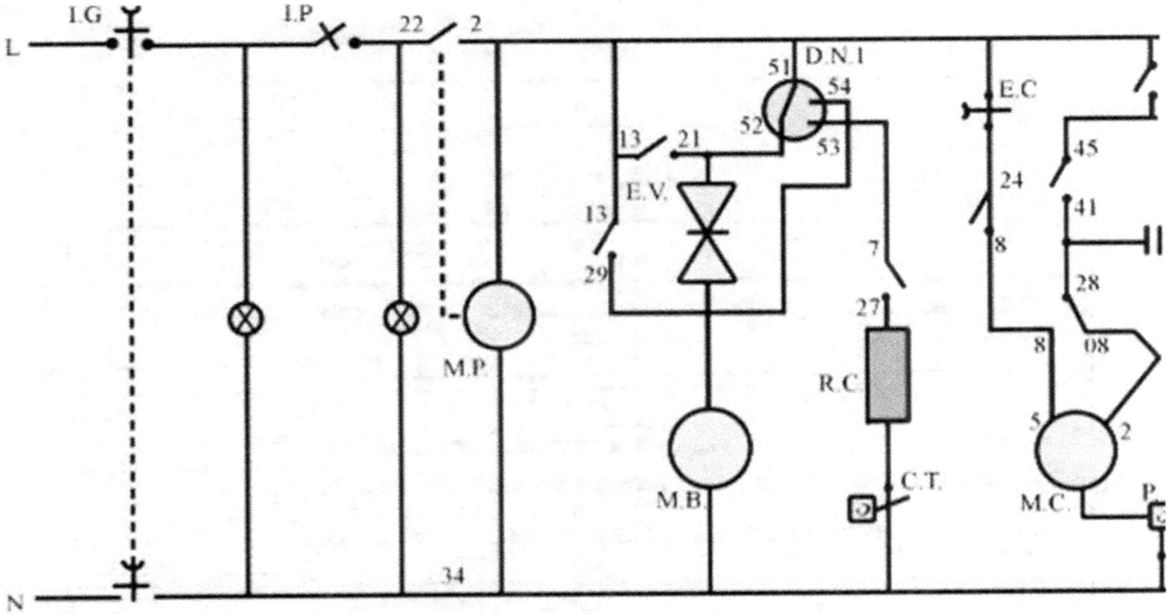

Manual de Lavadoras *Ing. Miguel D'Addario*

R.C.	Resistencia Calefactora	Contactos del Programador:
C.T.	Control de Temperatura	22-2; 13-21; 13-29 7-
E.C.	Exclusión Centrifugado	28-8; 28-08; 23-03; 23
M.C.	Motor Centrifugado	13-25; 24-8; 45-41; 45
M.L.	Motor Lavado	Contactos Detector de Nivel:
P.T.	Protección Térmica	51-52; 51-33; 51-53-54

I.G.	Interruptor General
I.P.	Interruptor Puerta
M.P.	Motor Programador
E.V.	Electroválvula
M.B.	Motor Bomba
D.N.1.	Detector de Nivel 1

Manual de Lavadoras Ing. Miguel D'Addario

Programador

El programador es el cerebro de toda lavadora. Se trata de un pequeño motor síncrono que va moviendo una serie de levas según un programa preestablecido, y éstas a su vez van cerrando o abriendo una serie de contactos. Por lo general, los programadores de lavadoras disponen de 60 impulsos o posiciones, con unos tiempos entre impulsos que varían según los tipos, en nuestro caso, 2f-8'-24\ Las levas se van moviendo a lo largo de estos 60 impulsos configurando la característica propia de cada programador. Así, el contacto 22-2 llamado "línea" supedita el total funcionamiento de la lavadora y por tanto es el que determina los programas que hay en cada ciclo. En este caso el ciclo de 60 impulsos de la lavadora está dividido en tres programas, uno de 34 impulsos, otro de 20 y un último de 3.

Siguiendo detenidamente el diagrama de tiempos del programador iremos determinando la función que se realiza en cada impulso.

La lavadora descrita corresponde a un modelo ampliamente comercializado con distintas marcas, Balay, Philips, Zanussi. etc. y un único fabricante, Balay.

Manual de Lavadoras *Ing. Miguel D'Addario*

Naturalmente existen otros modelos más sofisticados que incluyen alguna otra función como por ejemplo la regulación de velocidad del centrifugado, la función Flot, ahorro de agua y energía en casos de poca carga, etc., pero en esencia todos los modelos son muy similares.

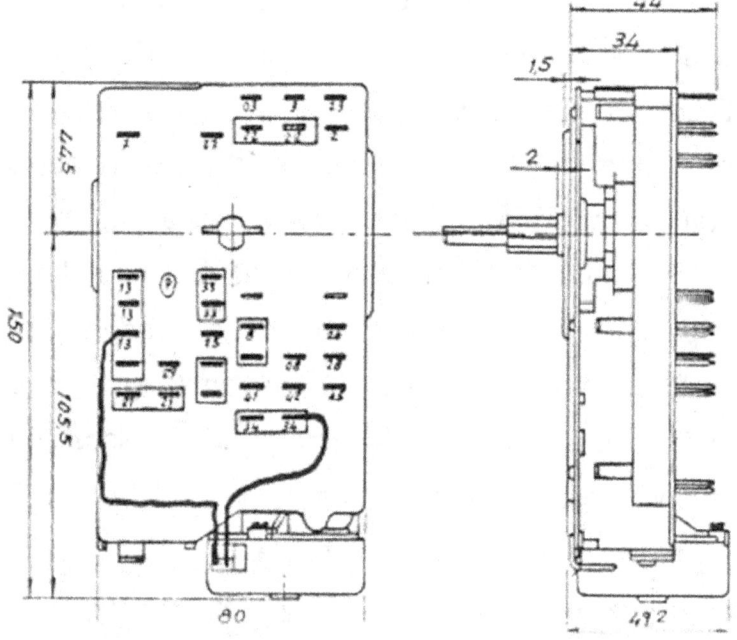

Componentes de la lavadora y averías

Resistencia. (Problemas con la temperatura del agua)

Ante problemas con la temperatura del agua de lavado, debemos comprobar primero el estado de la resistencia, situada en la parte baja del tambor, suele

Manual de Lavadoras   *Ing. Miguel D'Addario*

tener un valor de 22 a 32 Q y no deben estar derivados los polos de esta a masa, (chapa del tambor), nos saltaría el diferencial de la vivienda al empezar a lavar con agua caliente. El otro elemento para comprobar es el termostato, situado junto a la resistencia.

Termostato   Resistencia

Termostato

Manual de Lavadoras *Ing. Miguel D'Addario*

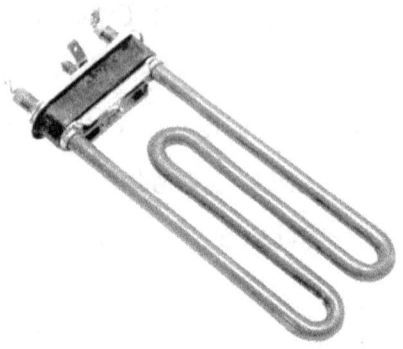

Resistencia

Desmontaje de la resistencia

La resistencia está sujeta al tambor mediante un soporte de metal y goma que, una vez introducida la goma en el tambor, es prensada por el tornillo según lo apretamos, comprime la goma expandiéndola hacia los lados.

La resistencia en el interior del tambor está encastrada en una chapa de este que la sujeta, para evitar que se mueva con el empuje del agua.

Para extraerla del tambor deberemos aflojar la tuerca y hacer palanca con un destornillador en los lados alternativamente.

Si la encontramos calcificada, se puede limpiar con estropajo, mientras no esté muy oxidada o abierta no importa sustituirla.

Electroválvula de entrada de agua. (Problemas carga agua)

Funciona a 220V, permitiendo o cortando el paso de agua de entrada hacia la cubeta del detergente, la bobina tiene una resistencia aproximada de 28Q, suele tener problemas de cal y atascos, no abriendo correctamente la entrada de agua, conviene limpiar la rejilla tamiz cada cierto tiempo, otro problema es que se queda en ocasiones abierta y atascada por la cal.

Electroválvula

Bomba de agua o motor de vaciado. (Problemas centrifugado)

Su función es la de vaciado de agua del tambor, existen bastantes modelos, suele ser el componente numero 1 o 2 en dar problemas, por lo que, ante fallos de vaciado de agua del tambor, mal centrifugado, ruidos raros (mugido), comprobar la bomba y sustituirla, aunque aparente funcionar en ocasiones.

Bomba de agua

Condensador. (Problemas giro de motor y revoluciones)

Casi todos los motores de lavadora llevan como mínimo un condensador, lo usual son 2, lo encontramos conectado a los bobinados de lavado normal y al bobinado de centrifugado, ante problemas en el centrifugado como velocidad de giro lenta, excesivamente rápida, o no arranca el motor, comprobar el condensador, aparte de este, otros elementos pueden provocar síntomas similares, tal como defectos en el bobinado del motor o un fallo en los contactos del programador. (Suele ser el segundo elemento en dar problemas).

Condensador

Filtro de Red. (Problemas de electricidad en la carcasa)

Es el encargado de derivar a masa los picos de red. En viviendas sin toma de tierra, es el "culpable" de que la lavadora de calambre, por lo que es aconsejable su desconexión.

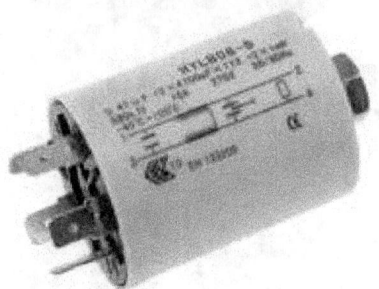

Filtro de Red

Programador. (Fallos varios)

Es el encargado de seleccionar las funciones a realizar por la máquina, a través de contactores internos y un motor giratorio, su funcionamiento es eléctrico-mecánico va abriendo y cerrando contactos, conectando el motor principal, la bomba de agua, controlando las electro válvulas, etc., es otro de los componentes el tercero en importancia que suele tener averías, la avería más usual es que se suele quemar alguno de los contactos internos, dando fallos permanentes de una función de la máquina, sustituirlo es una tarea muy delicada y laboriosa., así como conseguir un repuesto compatible al 100% puede ser difícil.

Programador

Módulo de control electrónico. (Fallos varios)
El módulo de control electrónico, en algunos modelos suele ser un complemento del trabajo generado por el programador, siendo el encargado de controlar las

revoluciones del motor y el proceso de centrifugado, en otros modelo como son las lavadoras electrónicas, sustituye por completo al programador de mando giratorio, es el responsable de averías aleatorias, o problemas con el motor, una comprobación a realizar, que a veces funciona, es sacar los conectores y limpiar con papel de lija muy fino o una goma de borrar bolígrafo, los contactos del mismo.

Presostato. (problemas de carga de agua, cantidad)
Es el encargado de cortar el paso de agua hacia la lavadora, una vez que está cargado a un determinado nivel de agua, esto lo detecta a través de la presión que va aumentando a través del tubo de goma transparente, abriendo un contacto eléctrico, que

corta el paso de corriente a la electro válvula de entrada de agua, su principal problema, es que se atasca el tubo de goma, (negra o transparente) que transmite al presostato, el aumento de la presión del aire, al subir el nivel de agua; Al atascarse de jabón no hay variación de presión. Otro problema suele ser fallos en los contactos del presostato.

Presostato

Cierre de Puerta. (Problemas apertura)

El cierre usado en lavadoras, es de tipo eléctrico, dispone de una bobina interna conectada al programador, durante el funcionamiento de la lavadora, el cierre está activado, la máquina impide que se pueda abrir la escotilla, mediante un mecanismo en forma de muelle y pasador, la puerta solo puede abrirse 2 minutos después de parada la máquina, para evitar posibles inundaciones, si se nos avería podemos dejarlo anulado, si no se cierra el contacto, es el responsable de que la máquina no inicie el lavado.

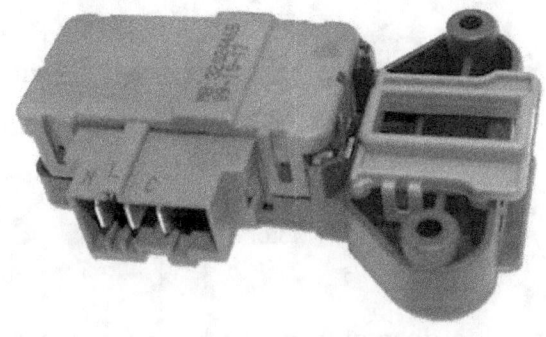

Motor. (Problemas de giro y revoluciones)
Es el encargado del giro del tambor, gira en ambos sentidos, no puede tener la correa ni demasiado estirada (forzaría los cojinetes) ni demasiado floja, (patinaría, girando el motor pero no el tambor), tiene dos bobinados, uno para el lavado normal y otro para el centrifugado, estando unidos los mismos a un conector de 6 pines, al que también se conectan los dos condensadores, uno para cada bobinado, es una de las piezas más caras a la hora de sustituirla,

conviene engrasarlo de vez en cuando si destapamos la parte posterior de la máquina para realizar alguna otra reparación.

Motor

Otros modelos de motores son los de escobillas, que no necesitan condensadores. Los modelos más recientes de lavadoras incorporan un tacógrafo en el eje del motor, en forma de pequeña bobina o pieza de plástico con pequeñas hendiduras, que cuentan los giros que realiza el motor.

Pulsadores. (Fallo de los contactos)
El pulsador de ON/OFF, Aunque es un elemento que no suele fallar, puede tener problemas de contactos internos quemados.

Termostato. (Problemas de temperatura)

Se halla en la cuba junto a la resistencia más el termostato regulable que se haya en el frontal de la maquina junto al programador, es el encargado de regular la activación y el corte de corriente a la resistencia, para control de la temperatura del agua, no suele fallar por lo general, corta el paso de corriente por sobre temperatura.

Mangueras de entrada y salida de agua. (Pérdidas de agua)

Al ser unos elementos muy sufridos y hallarse tras la máquina, en ocasiones pueden presentar roturas, y zonas chafadas, suelen ser fácilmente detectables los problemas.

Manguitos. (Pérdidas de agua, obstrucciones)

Ante pérdidas de agua, debemos comprobar posibles fisuras o comprobar que las abrazaderas aprieten adecuadamente, en los manguitos, también es muy usual que la parte del desagüe se atasque, debido a los restos de jabón en descomposición.

Cable de alimentación de red. (Fallos intermitentes)
Al ser también un elemento muy sufrido puede tener problemas de enchufe quemado o entalladuras en el cable que llegan a calentarlo y cortocircuitarlo suele verse a simple vista, prestar atención a zonas ennegrecidas o abombadas en el mismo, así como excesivamente calientes al funcionar la máquina.

Tambor secador industrial

Averías

Algunos consejos previos

Antes de proceder a desmontar cualquier tapa o carcasa de la lavadora, desenchufarla de la red eléctrica 220V y cerrar el grifo de entrada de agua, (Ojo evita sustos desagradables).

No tocar o desmontar y menos con corriente eléctrica en el equipo, lo que no conozcamos o ignoremos que función realiza en la lavadora.

No desconectar o extraer los cables eléctricos de múltiples colores de ningún programador de lavadora, lavavajillas, etc. Es más, me extiendo a cualquier componente que lleve más de dos cables, sin antes haberlos marcado, dibujado o marcado en papel y fotografiado si es preciso, luego es imposible volver a montarlo y que funcione.

Muchísimo cuidado al utilizar el polímetro con voltaje en la lavadora y estar apoyados en el suelo o de rodillas, suele dar sacudidas desagradables.

Cuidado con el remanente de agua en lavadoras y lavavajillas al desmontar mangueras; aparte de mojarnos nosotros podemos mojar algún otro componente delicado.

Antes de desmontar nada leer otra vez muy atentamente el manual de instrucciones y mantenimiento de la máquina, que nos puede recordar algo que hayamos olvidado revisar.

Si no tienes claro lo que vas a hacer y no crees que lo puedas volver a montar, mejor no lo toques o desmontes, la factura del técnico del SAT te va a salir el doble de cara si encuentra desguazado el electrodoméstico cuando le llames desesperado.

Síntoma de avería y puntos a chequear
Cajetín del detergente
Es un elemento al que muchas veces descuidamos, su limpieza, acumulándose incrustaciones de jabón o restos pastosos de detergente en gel, que obstruyen los conductos y enmohecen, pudiendo provocar manchas en la ropa, o problemas en la toma de detergente, acumulándose excesiva cantidad de agua en él, lo más adecuado es sacar el cajetín y lavarlo bajo un grifo, frotándolo con lavavajillas y un cepillo o pincel lo más rígido posible va muy bien uno de los utilizados en el prelavado de la vajilla, que suelen ser enteramente de plástico. Para limpiar la parte interior del hueco del cajetín de la lavadora podemos utilizar

el mismo cepillo y además un cepillo de limpiar botellas también de plástico, que debido a su dureza retira muy bien los restos de jabón, esto también nos evitará que se oxide la carcasa de la máquina por el jabón acumulado en las esquinas, es una operación sencilla y dichos cepillos suelen costar unos 2 € cada uno.

Carga agua constantemente, llena el tambor y rebosa Avanzando manualmente el programador, la máquina tira el agua

-Desmontar el tubo de goma transparente (tubo pulmón) del presostato y limpiarlo perfectamente desatascarlo si esta obstruido con restos de jabón en la parte baja.

-Presostato no se activa, averiado o contactos pegados, sacarlo y golpearlo para ver si saltan los contactos, soplar por el orificio, medir con polímetro.

-Electroválvula de entrada de agua se queda abierta, agarrotada por la cal.

-Programador no corta la señal, causa menos probable.

Manual de Lavadoras *Ing. Miguel D'Addario*

Carga agua constantemente no inicia el lavado, si vacía agua al mover programador y centrífuga
-Comprobar obstrucción en manguera del presostato.
-Comprobar presostato.

Carga agua constantemente los lavados se alargan en el tiempo más de 2h
-Problema en la manguera del presostato, extraerla y limpiar la parte más baja, con un diámetro de 3 a 4 mm se obstruye de jabón impidiendo que la presión varíe en el tubo por lo que se pasa el tiempo desaguando, cargando o centrifugando.
Este tipo de obstrucción se suele producir en máquinas que utilizan jabón en polvo, al cargarlo la maquina lo arrastra al fondo del tambor, apelmazándose.

No carga agua correctamente
Comprobar atasco en manguera de entrada de agua y filtro de entrada en electroválvula.
-Posible avería de una de las electroválvulas de entrada si tiene dos, medir resistencia y si llega 220V a ella.

Manual de Lavadoras *Ing. Miguel D'Addario*

-Fallo del programador al activar la electroválvula, girarlo a varios puntos para ver si la activa.

Gaveta del detergente atascada y/o conductos atascados
No carga agua y del tambor sale vaho
-Comprobar obstrucción en manguera presostato, desmontarla y limpiarla.
-Comprobar presostato, que salten los dos contactos (soplando por la manguera).
-El vaho se produce al calentarse la resistencia y evaporar la humedad interior del tambor.

Después de un corte de agua en la vivienda no carga agua correctamente
-Comprobar posible atasco de cal en el filtro de la manguera de entrada.
-Comprobar la electroválvula de entrada, si abre y cierra correctamente, sustituirla.
Cargando agua directamente por el cajetín de detergente con una manguera la máquina debe funcionar correctamente, hasta la siguiente carga de agua, (problema electroválvula de entrada).

En algún punto del programador no avanza y carga agua hasta rebosar

-Comprobar manguera de presostato hermeticidad y posible obstrucción de jabón por lo que no varía la presión de aire, limpiar.

-Comprobar o sustituir presostato.

Siempre lava con agua caliente

-Avería termostato, siempre activado, medir con polímetro.

Salta el diferencial de la vivienda al lavar con agua caliente

-Comprobar la resistencia y posibles derivaciones entre los polos y la carcasa metálica, extraerla de la lavadora y si no se aprecia defecto a simple vista introducirla en un cubo con agua para medirla.

- Sustituir la resistencia.

No comienza a girar el tambor con carga

-Verificar cierre de puerta, si vacío el tambor gira, no importa verificar esto.

-Desenganchar la correa de la polea para comprobar si el motor empieza a girar, si es así.

-Sustituir el Condensador del Motor por uno de igual capacidad.

Otras averías
-Correa del motor floja.
-Motor con algún bobinado abierto.
-Bomba de agua, con bobinado abierto, aunque esto pararía toda la máquina.
-No comienza a girar el tambor en vacío sin carga ni centrífuga.
-Si produce un zumbido como si tratara de funcionar, avería Condensador, sustituirlo.
-En las de carga frontal este situado casi al fondo de la máquina en las de carga superior está bajo la tapa superior, tiene 2 cables y no está polarizado.
-Avería Programador girarlo para ver si el motor arranca en algún punto.
-Avería motor, después de cambiar el Condensador si persiste, medir los voltajes que llegan al motor, para determinar si es fallo de motor o programador, medir los bobinados.
-Placa de control electrónica, sacarla, limpiarle los contactos con una goma de borrar bolígrafo o con lija

muy fina, tratar de limpiar los conectores con lija fina si es posible, volver a montarla.

Motor no gira, moviéndolo con la mano se consigue que empiece a girar
-Modelos de altas revoluciones, avería de las escobillas, sustituirlas, en modelos de bajas revoluciones, avería del condensador si produce zumbido como si funcionase.
-Sustituir el condensador.
-Comprobar el bobinado del motor.

Motor no gira en lavado si en centrifugado, empujándolo empieza a girar
-Comprobar estado de la correa.
-Comprobar un posible bobinado abierto en motor.
-Sustituir el condensador.
-Comprobar voltaje de alimentación al motor para descartar fallo del programador.

Huele a quemado o ha salido humo, tambor no gira, en centrifugado gira, pero despacio
-Comprobar y sustituir Condensador.
-Comprobar bobinados del motor.

-Comprobar Programador.

Motor no gira o después de girar unas vueltas se para
-En lavadoras con módulo de control electrónico puede ser avería de este, ya que regula las revoluciones del motor en lavado y centrifugado, desmontarlo y limpiarle los contactos, con goma de borrar bolígrafo o lija fina.

Tambor gira más rápido de lo normal en lavado y centrifugado
-Avería condensador.
-Avería tacómetro de giro del motor.
-Avería módulo de control, sacarlo y limpiar contactos.

Lavadora Electrónica, inicia al comienzo del lavado el centrifugado, se para, coge agua, la expulsa y se para.
-Está tratando de pesar la ropa sin éxito para determinar el programa a utilizar, se ha roto o caído el optoacoplador del eje del motor, (lamina con orificios) buscarlo y montarlo.
-Placa de control electrónica, sacarla y limpiar los contactos.

No termina el ciclo de lavado se queda siempre desaguando, bomba siempre activa
-Comprobar tubos del presostato.
-Comprobar presostato.

Lavadora electrónica, lavado ok, centrifugado lento
-El control de velocidad se basa en una bobina colocada a un extremo del eje del motor.
La bobina, al girar el motor, produce impulsos que van al circuito de control electrónico el cual regula la velocidad del motor.
-Comprobar que no esté suelta, desplazada o desprendida la bobina no funcionando adecuadamente el motor.

No lava con agua caliente
-Avería resistencia.
-Medir los 28 ohms aproximadamente de la resistencia.
-Medir si llegan los 220V a la resistencia.
-Avería termostato no cierra el contacto.
-Avería programador.

Agua no se calienta adecuadamente

-Comprobar el botón termostato del frontal de la máquina.

-Comprobar o sustituir los termostatos de la cuba.

No centrífuga a la velocidad habitual

-Comprobar filtro. Sustituir condensador.

-Comprobar bomba de agua, si la misma extrae agua si no es así el agua frena el tambor.

-Comprobar el módulo de control electrónico, desmontarlo y limpiar los contactos.

-Comprobar bobinados del motor.

No centrífuga algunas veces

-Comprobar filtro.

-Comprobar bomba de agua.

-Comprobar tubos de presostato obstruidos por jabón, limpiarlos y comprobar que cierran herméticamente.

-Comprobar presostato.

No centrífuga

-Comprobar filtro, posibles obstrucciones, la manguera de desagüe y el propio desagüe que no tengan obstrucciones.

-Comprobar si la bomba de agua funciona adecuadamente, extrayendo el agua, si no es así verificar obstrucciones, que le llegue voltaje o probarla fuera de la máquina, así como que el tiempo de desagüe sea correcto.

-Comprobar si con el tambor vacío centrífuga la máquina, pasando los puntos del programador, si no es así verificar si lava bien, comprobar el condensador y, los bobinados del motor.

-Si llega a centrifugar al cabo de mucho tiempo, comprobar la manguera del presostato en su parte baja y por último el presostato.

No realiza el centrifugado en ocasiones y no carga suavizante

-Comprobar la manguera del presostato.

-Comprobar presostato.

-No centrifuga, empieza a hacerlo perdiendo fuerza y se para unos minutos.

-Comprobar filtro

-Comprobar bomba de agua y estado del desagüe.

-Comprobar manguera del presostato posible obstrucción de jabón.

-Si la maquina tiene varias revoluciones de centrifugado y placa electrónica de control de las revoluciones, posible fallo de esta, desmontarla y limpiar los contactos.
-Comprobar condensador del motor y bobinado de este.

Se queda centrifugando, se debe finalizar manualmente
-Comprobar si se oye girar el motor del programador, puede tener un diente de un engranaje roto y no finaliza 1 función.
-Sustituir programador, ojo es costoso.

Al centrifugar da saltos y hace mucho ruido
-Comprobar el estado de los muelles amortiguadores y las suspensiones si tiene.
-Comprobar los tornillos de sujeción de las piezas o pieza de hormigón, puede haberse roto un tornillo o el hormigón y vibrar en exceso, se puede solucionar haciéndole un nuevo agujero al hormigón y colocar un nuevo tornillo o sujetar con alambre.

No vacía el agua correctamente

-Comprobar filtro del desagüe atascado.

-Comprobar bomba de agua.

-Comprobar manguera de salida de agua obstruida o chafada.

No vacía el agua

-En las lavadoras actuales sin filtro, puede haberse atascado alguna prenda u otro objeto en la hélice de la bomba tratar de localizarla o desmontar los manguitos para acceder a la bomba.

Queda la ropa mojada después de centrifugar:

-Avería bomba de agua no se activa correctamente.

-Avería condensador.

-Avería programador.

Lavadora de carga superior realiza todo el ciclo menos el centrifugado

-Comprobar el filtro.

-Comprobar los microswitchs de la puerta (interruptores) lleva dos uno para el funcionamiento general y otro para el centrifugado.

-Comprobar el condensador.

-Comprobar el bobinado de centrifugado del motor.

No saca agua del tambor, suena al tratar de sacar el agua
-En lavadoras sin filtro puede colarse algún objeto hasta la hélice de la bomba de agua, hay que desmontarla para comprobarlo.

Sonido fuerte y agudo o molesto al centrifugar, no es constante aparenta un mugido
-Avería bomba de agua, en lavadoras con menos de un año puede producirse el problema, aunque parezca raro.
-Problema cojinetes, mover tambor arriba y abajo en las de carga frontal para ver si tiene holgura.

Sonido agudo al lavar y sobre todo al centrifugar
-Desgaste de los cojinetes, mover el tambor de arriba abajo, con la escotilla abierta para ver si tiene holgura, engrasar los cojinetes, aunque no suele funcionar.

El jabón se queda en la gaveta del detergente
-Obstrucción en la gaveta, sacarla y limpiarla correctamente, así como la parte interior de la lavadora donde se inserta la gaveta.

-Comprobar si abre correctamente la electroválvula de entrada de agua, se puede desconectar su salida de agua y verterla a un cubo o probarla fuera.

Después de lavar no se puede abrir la puerta
-Problema del mecanismo o la bobina del cierre de la puerta, quitar la tapa superior y tratar de desengancharlo.

Pierde agua en algunos lavados
-Muy posiblemente es por exceso de jabón, perdiéndola por la manguera de rebose, de todas formas, verificar el estado de los manguitos y abrazaderas, así como obstrucciones en la gaveta de jabón.

Bomba de agua pierde agua por el eje
-Sustituir la misma, algunos modelos son desmontables y se pueden engrasar.

Bomba de agua está activada constantemente funcionando
-Comprobar programador, se han quedado dos contactos unidos debido al chisporroteo, avanzarlo

para comprobar si en algún punto para, sustituir programador.

No entra agua a la lavadora, no inicia el ciclo
-Comprobar el cierre de la puerta.
-Comprobar los filtros de entrada de agua en la electroválvula.
-Comprobar estado de la electroválvula de entrada.
-Comprobar estado del bobinado de la bomba de agua (salida agua) inicialmente le llegan 16 V durante el periodo de carga de agua inicial, si está abierto o suelto el conector la máquina no realiza ninguna función.

Sale espuma por la gaveta del detergente
-Excesivo detergente u obstrucción de los conductos de salida.

La ropa no se lava correctamente quedan manchas y sale húmeda
-Posible avería de uno de los bobinados, del motor lavado o centrifugado.
-Comprobar el condensador.

Soporte metálico de la puerta roto

-Es una avería muy común por el uso aun en lavadoras relativamente nuevas, desmontarlo y buscar repuesto, suelen ser estándar, no existiendo muchos modelos.

Goma de la escotilla negra con moho

-Es debido al detergente, según modelos no es muy complicada su sustitución, podemos tratar de limpiarla en parte con cepillo, estropajo y lejía, con alcohol también funciona a veces.

Programador no gira

-Comprobar si llega tensión a los cables que alimentan el pequeño motor del programador.
-Comprobar si este suena tratando de girar.
-Sustituir el motor si es posible o el programador entero si no es desmontable.

Modelo electrónico, el programador gira constantemente funcionamiento aleatorio

Pudiendo funcionar varios días correctamente y volver a fallar.
-Comprobar el módulo regulador de tensión.

-Revisar y limpiar conexiones a modulo electrónico. Sustituir el programador.

Carga agua estando apagada
-Problema de desgaste o cal en la electroválvula de entrada, limpiarla o sustituirla, se queda abierta y por la presión de las tuberías entra agua.

Carga poca agua y muy lentamente, gaveta del jabón no se vacía de detergente
-Comprobar la presión de agua de la finca.
-Comprobar obstrucciones en el filtro de entrada en electroválvula.
-Comprobar la electroválvula, sacar la manguera que sale de la electroválvula y probar a cargar agua en un cubo para determinar a qué presión sale, si la misma es baja sustituir electroválvula, se queda atascada por la cal.

Coge agua solo en algunos programas
- Comprobar electroválvula de entrada.
- Comprobar el tubo de goma del presostato.
- Comprobar presostato.

Perdidas ocasionales de agua

-Comprobar los manguitos interiores y las abrazaderas si no lo localizamos, comprobar la goma de la escotilla, sobre todo en la parte superior de la mima por si existe algún corte.

Puede ser necesario desengancharla del frontal para examinarla.

Se va quedando sin agua durante el lavado

Comprobar en la parte trasera a que altura está situada la salida del desagüe, si está situado demasiado bajo, el agua se va saliendo por si sola, levantar la goma y sujetarla.

Tarda en empezar a funcionar

Posible problema del micro interruptor del cierre de la escotilla permite la puesta en marcha, tiene 3 cables, el central es común uniendo los otros dos la maquina se pone en marcha.

El primer síntoma del fallo es que hay que golpear la escotilla fuerte para que empiece a funcionar.

Después de saltar el diferencial no funciona nada, se enciende el piloto
Comprobar el cierre de la escotilla, provisto de resistencia PTC, al fallar corta el resto de funcionamiento de la máquina, sustituirlo.

Salta el diferencial y no se abre la escotilla
Posible fallo de la bobina del cierre de la escotilla y de la resistencia PTC en cortocircuito, quitamos la tapa superior y podemos tratar de desenganchar los 3 cables del cierre (con la maquina desenchufada, para abrir la escotilla podemos tratar de empujarla y estirar).

Lavadora carga superior no empieza a funcionar
-Comprobar los voltajes de entrada.
-Comprobar los microswitchs de la puerta superior, hay uno en el cierre y puede haber otro semioculto junto a la jabonera o a la bisagra.

Identificación de los bobinados de un motor
Suelen disponer de un conector de alimentación con 6 cables, 3 para el bobinado normal y 3 para el

centrifugado de cada grupo de 3 uno es común, estando unidos los dos comunes.

Dispone de dos bobinados, uno de lavado normal, que puede girar alternativamente en ambos sentidos. Bobina de arranque de mayor resistencia y bobinado fino, bobina principal de menor resistencia y bobinado grueso, el condensador mejora el par de arranque del motor dispone de 3 cables, uno directo a red 220V y los otros dos al condensador, dependiendo de qué lado del condensador conectemos el segundo cable de red, el motor girará en un sentido o en otro.

Otro bobinado de lavado rápido o centrifugado, este solo gira en un sentido, el condensador es el mismo del otro bobinado, este bobinado es de menor resistencia.

Se sale la correa
-Cambiar correa.
-Desmontar y sustituir cojinete si está defectuoso.
-Sustituir polea (volante) + cojinete.

Engancha la ropa y la rompe
Posible problema de cojinetes.

Manual de Lavadoras *Ing. Miguel D'Addario*

Lavadora comprada en EE. UU. no funciona en Europa

Los electrodomésticos de EE. UU. no pueden funcionar en Europa primero porque su voltaje es de 125V y necesitarían transformador, pero principalmente porque su frecuencia es de 60Hz en lugar de 50 Hz de Europa, por lo que los motores funcionan más lentamente se recalientan y se queman.

Ruido en el lavado en ambos sentidos de giro, proveniente de los cojinetes

-Probar a engrasar los cojinetes, aunque no suele solucionarse al haberse perdido la grasa interior, en algún caso funciona.

-Máquinas de carga frontal comprobar holgura en los cojinetes tratando de ver si se mueve el tambor empujándolo arriba y abajo desde la parte superior de la escotilla frontal, si el fallo es este durante el centrifugado el ruido debe ser mayor.

-Comprobar posible desgaste de la correa, puede patinar sobre la polea, sustituirla.

-Sustituir cojinetes y el retén.

Ruido que comienza durante el lavado deteniéndose el bombo

-Si el bombo no gira como bloqueado, sustituir cojinetes y retén.

Carga frontal problema de cojinetes, síntomas

-Posibles pérdidas de agua.

-Ruido al girar el tambor, sobre todo en el centrifugado.

Suele soltarse la correa del motor

-El tambor tiene juego u holgura, si lo movemos arriba y abajo por el frontal de la escotilla.

Ante la ausencia de estos síntomas los cojinetes suelen estar bien.

Caso de estar gastados se cambian los dos cojinetes y el retén de goma.

Tambor interno está suelto

Avería complicada que supone desmontar casi toda la máquina y varias horas de trabajo, evaluar el estado general de la máquina, ya que el trabajo y el coste es elevado.

Motor lavadora y condensador, aclaraciones

Hoy día los motores de lavadora pueden ser: Síncrono, asíncrono, o de Corriente Continua.

Las lavadoras que utilizan condensador para activar el motor suelen tener entre 5 y 6 cables dos para el lavado, dos para el centrifugado más uno o dos comunes a ambos bobinados.

El condensador permite el arranque y el cambio de sentido de giro del motor por el desfase que origina, conmutándolo el programador de un bobinado a otro

El condensador tiene 2 terminales sin polaridad. Cambiando un terminal del condensador entre fase y neutro es como se invierte el sentido de giro.

Para comprobar el motor se mide con un polímetro la resistencia entre los 3 cables y entre los 2 que ofrecen mayor lectura conectas la fase y el neutro, en el otro un terminal del condensador, y el otro terminal de este indiferente a fase o neutro según el sentido de giro que queramos que realice.

Presostato, aclaración

Los terminales del presostato están marcados con dos numeraciones consecutivas, 11-12-13 para el primer conmutador (media carga) y 21-22-23 para el segundo conmutador (llenado total).

Podemos medir con un polímetro en la escala de ohmios, la continuidad de los contactos, siendo por lo general ll(común) y 12 en reposo (Contacto NC Normaly Closed: cerrado) y entre 11 y 13 activado (Contacto NO Normaly Open: abierto), soplando por la manguera y reteniendo el aire, debe conmutar de un contacto al otro, dando continuidad, inicialmente de 11 a 12 pasará a tener continuidad de 11 a 13, lo mismo sucederá con el segundo juego de contactos del presostato, 21 – 22 (NC) y 21-23 (NO).

Algunos modelos de máquinas llevan un presostato simple con un solo juego de contactos y un solo tubo pulmón.

Ante un problema de una máquina que no carga agua, comprobar la posible continuidad entre los contactos 11-13 y 21-23, ya que estará detectando nivel máximo de agua por lo que no cargará más, aunque no tenga, desenganchando el manguito, debe abrirse el contacto, sino está averiado el presostato.

La máquina da calambre al tocarla

-Comprobar el estado de la toma de tierra de la vivienda.

-Ante la ausencia de toma de tierra, desconectarle el filtro and parasitario de red, para evitar derivaciones a la carcasa metálica.

Comprobaciones rápidas y sencillas

No se pone en marcha

-El enchufe no está correctamente colocado.

-La corriente eléctrica está cortada.

-La puerta no está bien cerrada.

-El botón de puesta en marcha no está activado

No carga agua

-El grifo del agua está cerrado.

-No hay suficiente presión en la red de suministro de agua (Inferior a 0,05 MPa - 1 pascal = 0,102 Kg/m2).

-La manguera de entrada de agua está doblada.

-No hay suministro de agua.

-El selector de programas está en la opción incorrecta.

-La puerta no está bien cerrada.

Descarga y carga agua continuamente

-Comprobar que el tubo de desagüe esté colocado como mínimo a 60 cm. por encima del nivel del suelo.

No desagua

-El tubo de desagüe está obturado.

-Comprobar que el tubo de desagüe no esté a una altura superior a 1 m. sobre el nivel del suelo.

Vibra demasiado

-La máquina está desnivelada.

-La máquina sobrepasa la capacidad de carga (5 kg. de ropa en los modelos más corrientes).

Se para antes de finalizar el ciclo

-La máquina está en su fase normal de aclarado o remojo.

-Posible corte en el suministro eléctrico.

-Posible corte en el suministro de agua.

Larga pausa durante el lavado

-El selector de temperatura está activado y la máquina está calentando el agua.

Demasiada espuma en la cuba

-El detergente no es el adecuado para el lavado a máquina.

-La cantidad empleada no es la correcta.

No se abre la puerta

-Esperar a que transcurra el tiempo de seguridad antes de la apertura.

-Comprobar que accionamos correctamente el sistema de cierre y están desbloqueados todos los dispositivos de seguridad.

Test resistencia de la lavadora

Ante saltos del diferencial de la vivienda al usar el lavavajillas o la lavadora, al lavar estos electrodomésticos con agua caliente, el primer elemento que debemos testear en la máquina es la resistencia, para determinar si la misma se haya en mal estado y tiene fugas entre el filamento y masa (chapa).

Las dos verificaciones básicas para realizar en la resistencia son:

Medir la continuidad entre filamentos, y medir el aislamiento entre filamentos / masa, este último debe ser infinito si está correcta la resistencia que estamos testeando, así mismo el componente no debe presentar, zonas metálicas muy oxidadas o abombadas, grietas o fisuras ni excesiva cal, en caso de que haya mucha cal, podemos limpiarla con un estropajo de dureza media.

Test del cubo de agua
En el caso de que, midiendo aislamiento con la resistencia seca, no consigamos detectar ningún problema y sigamos teniendo dudas, podemos realizar una verificación más exhaustiva, introduciendo la resistencia a testear en agua durante unos minutos, a ser posible agua caliente que dilata el metal, con lo que conseguiremos verificar si realmente llega a existir continuidad entre los terminales de la resistencia y la carcasa, debido a la filtración de agua entre la carcasa, el aislante de porcelana y la resistencia interior que recubre la porcelana. La prueba del agua caliente, también podemos realizarla estando la resistencia colocada en la máquina: Llenamos el tambor ¾ de su capacidad para que cubra la resistencia o en su defecto vaciando un cubo de agua caliente en el tambor y medimos la

resistencia al cabo de unos minutos, aunque es más aconsejable sacar la resistencia y testearla en el exterior para poderle realizar una inspección visual.

Esta prueba debe dar infinito, estando el óhmetro en la escala más alta de ohmios, ante cualquier medida de resistencia, aunque sea alta, entre terminal y masa, debemos sustituir la resistencia, al aumentar la temperatura la resistencia tenderá a disminuir, dilatando los metales y aumentando la derivación.

Bomba de agua lavadora

Dos averías con síntomas diferentes provocados por el mismo elemento.

1. La lavadora no extrae el agua del tambor

El agua se queda en el tambor, al centrifugar, no extrae el agua.

La bomba funciona de forma intermitente, al tratarse de una bomba de imán con cuerpo de inducción exterior, el cuerpo interior debido al desgaste se queda imantado en mayor medida en una posición, con lo que la bomba se queda enclavada en ella, no girando el rotor al recibir la corriente de 220V, si empujamos manualmente el rotor, (Desde el exterior, frontal de la máquina, con un destornillador), la bomba empieza a funcionar, aparentando estar correctamente, la mejor forma de determinar el problema es probar la bomba fuera de la lavadora conectándola a 220v mediante un cable y faston.

2. Sonido muy intenso y molesto al centrifugar
Al centrifugar, en ocasiones la lavadora producía un sonido muy intenso parecido al mugido de una vaca, que con los días fue a más, a pesar de ello la bomba extrae el agua correctamente. El sonido se produce después de un rato de lavado (bomba caliente), por lo que también asemejaba un problema de cojinetes, con la bomba en frío no se produce el sonido, como es de esperar al probarla el técnico, la misma no produjo el sonido, el problema estaba producido por la parte interior del rotor, que mezcla agua-jabón y grasa, produciendo una pasta que dificulta el giro.

Sustitución de la bomba de agua
-Mover con unos alicates hacia el centro del tubo, las dos abrazaderas de acero, para que ambos tubos puedan desengancharse de la bomba.

-Movemos las mangueras, para extraerlas de la bomba, primero la exterior y luego la interior.

-Aflojamos los dos tornillos inferiores que fijan la bomba a la carcasa posiblemente será necesario rociarlos de aceite, ya que se oxidan con facilidad.

-Extraemos los conectores faston y por fin extraemos la bomba.

-Al mismo tiempo que tenemos libres los manguitos, podemos aprovechar para limpiar adecuadamente el interior de los mismos de restos de jabón, que pueden obstruir el desagüe y empeoran el funcionamiento de la bomba de agua.

-Para montar la bomba de repuesto, introducimos primero el manguito interior, sujetamos la bomba con los dos tornillos inferiores y colocamos la manguera exterior, continuando a la inversa de como lo hemos desmontado.

-Probamos la máquina, que debe funcionar correctamente.

Cambio de la goma del tambor escotilla

Una "avería" que suele ser usual después de un cierto uso de la máquina, 2 años por ejemplo es la rotura de la goma de la escotilla por la parte superior, debido a que dicha parte sufre las torsiones del tambor y no se encuentra tan remojada como la misma goma en su parte inferior, a su vez, el paso de prendas duras como pantalones vaqueros por ejemplo tienden a deteriorarla, si la rotura no es muy grande, muchas veces no nos enteramos, si no se pierde mucha agua, podemos comprobarlo, revisando el contorno de goma de la escotilla, o desde la parte superior retirando la tapa.

Como opciones tenemos dos, sustituir dicha goma si está muy dañada, o tratar de colocarle un parche para que aguante una temporada esta es una solución casera muy fácil de realizar y económica.

Sustitución de la goma

La misma se sustituye por estar negra de moho.

-Primero retiramos la tapa superior, para trabajar cómodamente.

-Segundo retiramos el alambre más muelle, que realiza la función de abrazadera en el frontal de la máquina.

-Tercero desenganchamos la goma del frontal de la máquina, introduciéndola hacia el interior.

-Tumbamos la máquina sobre su parte posterior para poder trabajar más cómodamente.

-Una vez suelta la goma del frontal, la doblamos hacia el interior, como ya se ha indicado, para que nos permita trabajar con más comodidad, con lo que nos quedará a la vista el desagüe de la parte baja de la goma, en algunos modelos de lavadora, este no existe.

-Desagüe el interior

-Desde la parte superior de la máquina, podemos acceder a la abrazadera principal que sujeta la goma al tambor.

-Soltamos el tornillo y abrimos la abrazadera, extrayéndola.

-Estiramos de la goma, por el frontal de la máquina, ayudándonos desde la parte superior.

-Retiramos los restos de cola de contacto del contorno del desagüe inferior y limpiamos los posibles restos de jabón del borde del tambor, para que la nueva goma asiente perfectamente.

-Contorno a limpiar.

-Desagüe el interior.

-Retiramos la goma usada, sacándola por el frontal de la máquina.

-Insertamos el nuevo repuesto introduciéndolo por el frontal y colocándolo sobre el reborde del tambor, hasta conseguir que quede completamente encajada la goma.

-Ya tenemos la goma encajada en el tambor.

-Colocamos la abrazadera de alambre y procedemos a la fijación de esta.

-No debemos apretar en exceso la abrazadera, ya que corremos el riesgo de resquebrajarla, al ser nueva el efecto succionador es mayor y no es preciso apretarla en exceso, como se apretaría cuando la misma está usada.

-Colocamos la goma inferior, correspondiente al desagüe del contorno de la escotilla y procedemos a fijarla con unas gotas de pegamento de secado instantáneo o como estaba sujeta anteriormente con cola de contacto, en algunos casos puede ser necesario colocar cola de contacto en todo el contorno de la goma, para que quede adherida a la chapa.

-Colocamos la goma del frontal de la máquina y por último colocamos la abrazadera de alambre del exterior, si está muy oxidada, también deberemos sustituirla.

Manual de Lavadoras *Ing. Miguel D'Addario*

-Comprobamos que la escotilla cierre adecuadamente.

Si hemos utilizado cola de contacto esperamos una hora para que seque adecuadamente y probamos a realizar un ciclo de lavado para comprobar si existen pérdidas de agua.

Parche en la goma

La goma tiene dos cortes pequeños, que vamos a parchear.

Una vez determinada la superficie a reparar, limpiamos la misma con un trapo con disolvente y procedemos a cortar dos trozos de goma de cámara de bicicleta para fabricar sendos parches, la goma de bicicleta es más blanda y manejable igual que la de moto, la de coche es muy dura.

-Limpiamos con disolvente el interior de la goma recortada para retirar los polvos blancos que la protegen internamente y procedemos a lijar la parte que aplicaremos la cola de contacto y así aumentar la adherencia.

- Una vez limpia la goma con disolvente, extendemos capa de cola de contacto, la dejamos secar unos minutos antes de aplicar el parche, también con cola de contacto, se aplica cola a las dos partes a unir.

Ya tenemos colocado el primer parche, por lo que podemos ir preparando el segundo mientras el adhesivo del primero se va secando.

Para aumentar la adherencia he aplicado con la brocha un poco más de cola de contacto por los bordes.

Aunque la sustitución de la goma de la escotilla no es excesivamente complicada, siempre nos podemos ahorrar un rato de trabajo algo más pesado colocando un parche, así como ahorrar algo de dinero, ya que colocar un parche es sencillo y económico, utilizando goma de reciclaje.

Extracción del aro de sujetador del interior de la cuba de la lavadora

Un problema muy usual al lavar prendas de lencería es que alguno de los aros metálicos, utilizados normalmente como refuerzo en sujetadores, se acabe desprendiendo y colando entre el Cesto parte móvil de acero inoxidable y la cuba, parte fija, en el mejor de los casos quedará enganchado en la resistencia, por lo que ni siquiera nos daremos cuenta, descubriremos el problema al observar la prenda y no localizar el aro.

En el peor de los casos, el aro quedará enganchado, rozando el tambor, con lo que al girar este producirá un sonido de roce metálico o golpe intermitente, pudiendo causar mayores problema o roturas al golpear contra la resistencia.

Antes de proceder a desmontar nada, sacar el filtro por si el aro se encuentra enganchado en él y se puede extraer por aquí, con unos alicates de punta fina, aunque es muy difícil o casi improbable que esto se produzca.

Dependiendo del modelo de lavadora, para extraer el objeto tenemos dos opciones
La primera es extraerlo por la parte baja del tambor, donde se haya la goma de desagüe, en caso de estar fijada la misma con pegamento al tambor, no tocarla, utilizaremos la segunda opción que es desmontar la resistencia que se halla junto a la goma de desagüe y por el pequeño hueco extraer el aro.

Procedimiento

Para poder acceder a la parte baja de la lavadora, desconectamos la toma de red eléctrica, cerramos el grifo de la toma de agua y después desenroscamos esta (ojo no al revés) y extraemos el desagüe, el primer paso será retirar la tapa trasera de la máquina, sujeta con tornillos, según modelos nos permitirá tener mayor o menor hueco de acceso.

Lo siguiente es inclinar la lavadora, para ello, colocaremos una toalla, por ejemplo bajo las patas del costado donde la vamos a apoyar, (para que no patine), generalmente la apoyaremos en la parte frontal, elevamos la máquina por el otro costado, (parte posterior), unos 20 a 25 cm, apoyándola en la pared, prestar mucha atención a esta maniobra, ya que en caso de no quedar perfectamente apoyada la máquina, puede patinar, golpeando bruscamente el lateral o el frontal contra el suelo, con el consiguiente riesgo de accidente o rotura.

Una vez tenemos acceso y podemos observar la parte baja del tambor, se podrá determinar que desmontamos, goma de desagüe o resistencia.

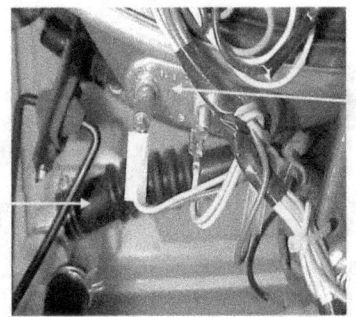

DESAGÜE

RESISTENCIA

Extracción por el hueco de la resistencia

Esta opción la utilizamos, cuando el desagüe inferior sea de difícil desmontaje o el mismo esté pegado, ya que en caso de despegarlo y volver a fijarlo posteriormente podemos tener pérdidas de agua. Para desmontar la resistencia, desenganchamos la correa del motor- tambor, estirándola simplemente, lo que nos permite acceder con facilidad a la resistencia, retiramos sus tres conectores faston, de alimentación de 220V y masa, aflojamos la tuerca central, que aprisiona la goma interior que realiza las funciones de soporte y tapón, si tenemos la máquina inclinada hacia delante, en este punto no debe salir agua del interior. Vamos empujando el tornillo central de la resistencia, para que libere la presión que ejerce sobre la goma, Con un destornillador hacemos palanca en ambos laterales de la resistencia, lo que nos permitirá, extraerla.

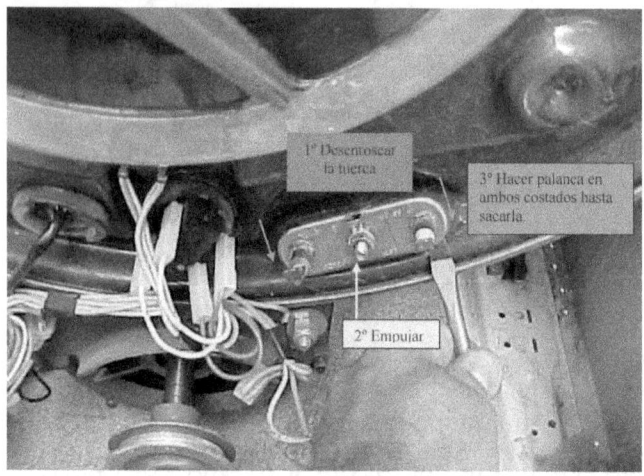

Una vez extraída la resistencia, por el hueco que nos queda, con una linterna, podemos tratar de buscar el aro perdido, que debe estar por la parte más baja, o junto al hueco de la resistencia, mediante un alambre con el extremo en forma de garfio, o con un imán atado a dicho extremo (Suele dar muy buen resultado) un destornillador, alicates de punta fina una linterna y paciencia, conseguiremos extraer el aro, (esto sirve también si la opción elegida ha sido sacar la goma de desagüe para acceder por allí).

Una vez fuera el objeto extraño, hacemos girar manualmente el cesto de acero inoxidable para

Manual de Lavadoras *Ing. Miguel D'Addario*

comprobar que el sonido de roce antes existente a desaparecido, podemos montar la resistencia nuevamente, es necesario fijarse, que la U de la resistencia, va encajada en una especie de soporte en el interior del tambor, para que la misma no vibre.

La tarea de montaje es un tanto ardua, por lo que debemos armarnos de paciencia, ya que cuando la goma de la resistencia está ya deformada, es un tanto difícil volver a encajarla.

Podemos tratar de encajarla la resistencia de dos formas

-Primer método, colocamos la tuerca en el extremo del tornillo y empujamos la goma todo lo que nos permita el soporte, vamos insertando la resistencia, hasta encajarla en el soporte metálico interior y vamos empujando la goma con un destornillador para que encaje en el hueco, esto último es lo más laborioso, una vez encajada, apretamos la tuerca y la fijamos.

-Segundo método, si no nos ha sido posible insertarla con el método anterior, podemos probar a desenroscar totalmente la tuerca y colocar el soporte del tornillo y la goma, todo lo que nos sea posible hacia el interior, vamos insertando la resistencia y encajamos la goma con un destornillador, del mayor tamaño posible, si tenemos muchas dificultades, podemos darle un poco de grasa o aceite a la goma.

Con la ayuda de unos alicates de punta plana, guiamos el tornillo del soporte, que nos quedará torcido y descentrado del agujero, hacia el mismo, una vez encarado, empujamos suavemente la resistencia para que el tornillo aparezca por el orificio, colocamos la tuerca, y nos aseguramos antes de apretar, que la goma ha quedado perfectamente colocada en el hueco, apretamos y fijamos la resistencia.

Montamos los faston de alimentación y la correa del motor.

Probamos la máquina, Ojo con la manguera de desagüe al haber separado la máquina de la pared, posiblemente la hayamos dejado mal conectada al desagüe y perdamos agua al funcionar la máquina.

Recambio de cojinetes o rodamientos

Una avería común por desgaste, pero un tanto costosa, debido a la mano de obra, es la de cambio de cojinetes o rodamientos de la lavadora, según que modelos conllevan una cierta dificultad.

La avería de los cojinetes podemos detectarla de la siguiente manera

Con la escotilla abierta, introducimos la mano y tratamos de mover el bombo arriba y abajo, oscilará unos milímetros sonando un clac (holgura de los cojinetes).

Con el giro normal de la máquina en funcionamiento, el tambor suena en exceso sobre todo al centrifugar, no siendo este el sonido de la bomba de agua.

Con la escotilla abierta al girar el tambor con la mano este produce mucho más sonido que lo habitual, sonando incluso un clac en algún punto de giro, los rodamientos suenan a gastados y secos de grasa.

El sonido producido al girar el tambor con la máquina en marcha va aumentando cada día (según se van desgastando más los cojinetes).

Primero retiramos las mangueras traseras de entrada y salida de agua, el cable de red y la tapa trasera.

La correa del tambor podemos extraerla estirando ligeramente.

Soltamos el conector de alimentación del motor, desatornillamos el tornillo de soporte del eje fijo del motor y extraemos el eje.

Desatornillamos la tuerca que fija el motor, en el lado ajustable y extraemos el motor, el mismo está unido a la tapa trasera del tambor, que vamos a desmontar.

Desenganchamos con cuidado los conectores faston del termostato fijo, ojo marcarlos para no equivocarnos luego al montarlo, y dibujarlo o fotografiarlo como consejo complementario.

Haciendo una ligera presión con un destornillador sobre la goma para separar el pegamento, extraemos el bulbo del termostato ajustable, ojo de no romper o doblar el cable / tubo ya que lleva gas interior y lo inutilizaríamos.

Procedemos a extraer el volante del tambor, tratamos de sujetarlo con un unos guantes y desenroscamos la tuerca que lo fija, si no es posible, ya que tiende a girar el bombo interior, una solución que a mí me ha dado buen resultado, si no tienes a nadie que te sujete el interior del bombo, es la de inclinarte sobre un lateral de máquina, introducir la pierna derecha en el interior del bombo para fijarlo con el pie y con la mano izquierda tratar de aflojar la tuerca con una llave inglesa.

Una vez extraída la tuerca, podemos sacar el volante con facilidad, ojo a no golpearlo, si se cae puede

Manual de Lavadoras *Ing. Miguel D'Addario*

romperse. Ahora procedemos a soltar la abrazadera gigante que une la tapa posterior con tambor, teniendo intercalada una junta de goma de estanqueidad entre medias, yo la empecé a sacar con dos llaves fijas, tardé más de 10 minutos en llegar a sacar la tuerca, debido al espacio limitado de movimiento y a que estaba algo pasada la rosca, como consejo si no quieres cansarte usa una llave de carraca, s mucho más cómoda. Ojo con la abrazadera, márcale el lado exterior luego me di cuenta después de montada que tenía posición y perdía agua. Apoyamos el bombo en el suelo y sujetándolo con los pies, estiramos de la tapa negra, que debe salir con facilidad.

Vista de la tapa trasera por el lado interior, podemos ver los de cal y jabón incrustados

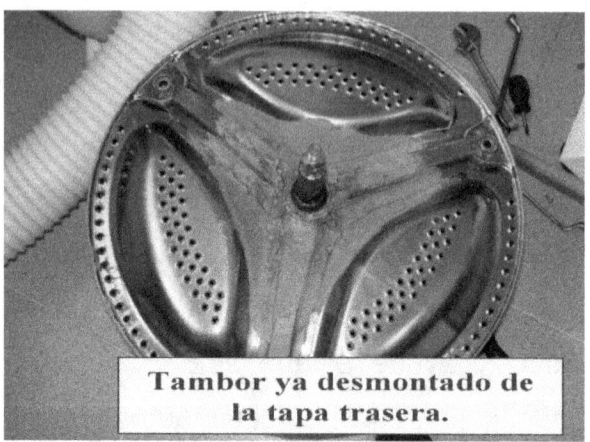

Vista del bombo, del eje y los restos de cal y jabón

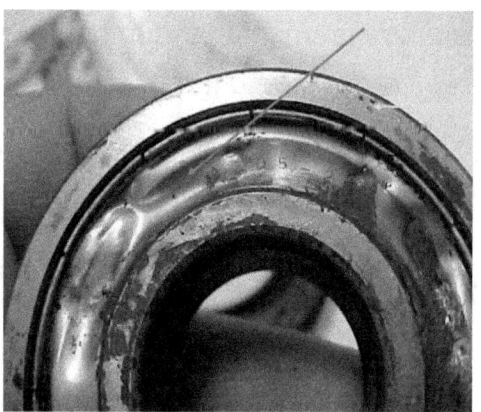

Rodamiento dañado, extraído

Colocamos el retén de goma, aplicándole unos golpes suaves, repartidos en toda la superficie.

Al eje del bombo, también le aplicamos una capa abundante de grasa, antes de introducirle la tapa y que quede fijado entre los cojinetes.

Manual de Lavadoras *Ing. Miguel D'Addario*

Después de una buena embadurnada de grasa, podemos colocar el volante del tambor.

Procedemos a colocar la tapa trasera del bombo, le colocamos la junta de goma, dejando la muesca en la parte superior tal como estaba.

Introducimos la tapa del bombo en la máquina y procedemos a amoldarla al contorno del bombo.

Vamos a colocar el cerco metálico del bombo, mucho ojo ya que, aunque no parezca, tiene cara interior y exterior, yo me di cuenta después de montarlo todo y probar la máquina, ya que no cerraba herméticamente y perdía agua, por lo que pedí más de 1 h con el error, desmontando de nuevo, montando y probando.

Por último, una vez colocado el cerco metálico, procedemos a fijar el termostato, con cola de contacto, la misma se utiliza debido a su elasticidad y robustez.

Montamos el cableado del termostato y del motor, conectamos las mangueras de entrada, salida de agua y después de volver a revisar todo el conjunto nos disponemos a probar la máquina.

Manual de Lavadoras   *Ing. Miguel D'Addario*

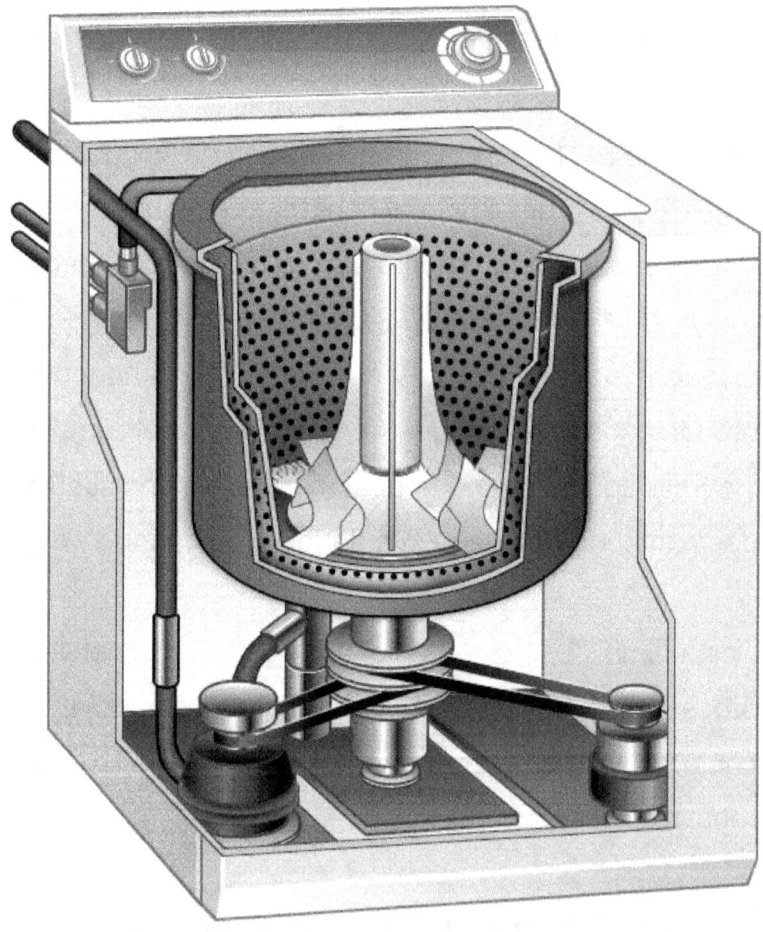

Perspectiva y corte interior de una lavadora

Lavadoras industriales

Sistemas de lavados

En todos los sistemas se utilizan diversos fluidos y energéticos para el funcionamiento de las máquinas, como son:

- Agua caliente y fría
- Vapor
- Energía eléctrica
- Aire a presión
- Gas combustible

Básicamente existen tres tipos de sistemas de lavandería

1. Sistema formado por equipos convencionales.
2. Sistema integrado llamado continuo.
3. Sistema especial formado por equipos combinados.

1. Sistema Convencional: En este sistema, cada equipo de lavado, secado o planchado opera individualmente y está formado por:

a) Lavadoras horizontales: Son equipos electromecánicos que utilizando la acción mecánica de movimientos alternantes y con intervención de agua y productos químicos obtienen la limpieza y desinfección de ropa; diseñados para procesar desde 50 hasta 210 kg. por carga. Se instalan generalmente por grupos, cuyo número depende de las camas instaladas y su porcentaje de ocupación.

b) Extractor de agua (centrífuga): La extracción de agua de la ropa procesada en este sistema se efectúa en un equipo electromecánico que, utilizando la fuerza centrífuga por movimiento giratorio, extrae un porcentaje de agua dejando la ropa con el 50% de humedad facilitando, así, el siguiente paso del proceso.

c) Planchas: Existen dos tipos de equipos de planchado:

-Si la ropa es plana se utiliza un equipo de rodillo cuyo movimiento mecánico se efectúa con motores eléctricos y transmisiones de cadena o de engranes.

-La ropa de uso hospitalario se procesa en equipos especiales de planchado, denominados unidades de ropa de forma. Hay tres tipos de estas máquinas y su calentamiento es específicamente a base de vapor.

d) Secadora: Es un equipo electromecánico que por medio de un movimiento rotatorio agita la ropa a través de una corriente de aire caliente para la evaporación del agua (humedad) contenida y así obtener el secado deseado.

e) Lavadoras verticales: Son equipos diseñados para cargas pequeñas que fluctúan de 12 a 65 kg. de ropa. Su manejo puede ser manual o automático para la inyección de fluidos, energéticos y productos químicos. Existen equipos que operan programados con tarjetas perforadas.

f) Extractor: La extracción de agua de la ropa lavada en el equipo anterior se efectúa aumentando la velocidad de la misma canastilla giratoria, la cual logra la fuerza centrífuga necesaria para extraer el agua del tejido de la ropa (en algunos casos se utiliza una máquina centrífuga convencional separada).

g) Controles: Los controles de manejo son sencillos y se reducen a nivel de operación de botones. El manejo de palancas o accionamiento de válvulas es de giro.

2. Sistema Continuo: La característica básica del sistema de lavado continuo es que requiere un mínimo de manejo manual de ropa desde la clasificación hasta su acondicionado o secado.

Se emplean sistemas transportadores de banda o contenedores metálicos que llevan la ropa lavada a la extracción del agua, seguido por el acondicionado y/o secado, continuando con, según tipo y entrega la ropa, al planchado plano o de forma. Después de este paso, la ropa se encuentra lista para su uso. Son equipos cuya capacidad puede ser de hasta varias toneladas.

Este sistema está compuesto por:

a) Extractor de agua: Este equipo puede ser centrífugo o con rodillos, está integrado a la lavadora y se alimenta de ropa automáticamente con un transportador de banda o de contenedores metálicos.

b) Acondicionador secadora: La ropa cuando ha sido exprimida se transporta automáticamente al equipo de secado lista para el planchado. El equipo funciona haciendo pasar aire caliente por quemadores de gas a través de la ropa depositada en una canastilla giratoria perforada donde se evapora parte o la totalidad del agua. El movimiento giratorio se imprime con un motor con transmisión por bandas, cadena o engranes.

c) Planchadoras: El planchado se efectúa con el mismo equipo descrito en el sistema convencional.

d) Controles: Los sistemas continuos, respecto al control, tienen un alto grado de automatización en el manejo; emplean tarjetas programadas o bien de botones predeterminados en tiempo, reduciendo al mínimo la intervención manual.

3. Sistemas Especiales: Tienen equipos mixtos y son de alta capacidad.

Componentes del sistema:

a) Lavadoras: El lavado se efectúa en sistemas con equipos de tipo vertical u otros métodos automatizados con gran capacidad de carga; de esta manera la mano de obra requerida es mínima.

b) Extractos de agua: La extracción de agua de la ropa lavada en este equipo se efectúa de dos maneras:

-Aumentando las revoluciones de las canastillas de carga por medio de un motor extra o combinaciones de poleas que extrae el agua de los tejidos.

-Con un equipo de pistón que comprime la ropa en un recipiente cilíndrico y extrae el agua contenida en la ropa.

c) Planchadoras: Son máquinas eléctricas de rodillos calentados con vapor, sirven para la ropa de tipo plano y la ropa de forma.

d) Acondicionador o secadora: El acondicionamiento o secadora es un equipo parecido a la canastilla giratoria perforada; el calentamiento del aire se logra a través del vapor o por quemadores de gas.

e) Centrífuga: Su función es extraer el agua de los tejidos de la ropa lavada y consta de cuatro partes básicas:

    -Base de anclaje y camisa contenedora, fijas.

    -Canastilla giratoria perforada, de acero Inoxidable.

    -Motor-Transmisión.

    -Controles eléctricos, manuales o automáticos.

f) Secadoras: los equipos de secado en su funcionamiento básico consisten en hacer pasar aire caliente a través de la ropa húmeda, y consta de 4 componentes que son:

    -Gabinete de lámina contenedor de canastilla.

    -Sistema motor y transmisión de movimiento.

    -Sistema eléctrico y controles.

    -Sistema calefactor de gas o vapor.

g) Planchadoras: la acción de planchar requiere de:

-Secar totalmente la ropa.

-Alisarla a fin de que se use cómodamente.

Para ello existen dos tipos de planchadoras:

-Planchadora plana: Es un equipo de rodillos que giran en diferentes sentidos, se calienta y su movimiento rotatorio se logra a través de mecanismos de cadena; sus controles son semiautomáticos, habiendo equipos cuya alimentación y descarga se hace automáticamente.

-Planchadoras de forma: Son equipos especialmente diseñados para planchar batas, camisas y similares, constan de una plancha base y un cabezal opresor; su sistema de movimiento se realiza a través de un mecanismo neumático de presión que acciona con controles automáticos de botón.

h) Controles: Estos equipos se encuentran tecnificados; manejan automáticamente los fluidos y energéticos necesarios para su funcionamiento, así como los productos químicos empleados en el proceso. Generalmente funcionan con tarjetas programadas que manejan los diferentes circuitos de tiempo.

4. Equipos Auxiliares: Las instalaciones de lavandería requieren sistemas auxiliares para agilizar el proceso en sus diferentes pasos.

Los más importantes son:

a) Transportación de ropa sucia y ropa limpia: Bandas transportadoras, cadenas de contenedores, bolsas colgantes o ductos verticales para descarga de ropa.

b) Fluidos energéticos: Usan sistemas generadores de vapor, de almacenamiento y tratamiento de aguas, de control y distribución de energía eléctrica e instalaciones para la dosificación de productos químicos, a las máquinas lavadoras. Los equipos de planchado pueden contar con alimentadores y dobladores automáticos de ropa.

Los equipos de secado y el resto de la lavandería pueden utilizar sistemas de transportación y almacenaje especializado, así como sistemas de tipo hermético para la distribución de ropa procesada.

Como sistema de calentamiento especial se usan quemadores de gas, así como sistemas neumáticos como fuerzas auxiliares en movimiento de mecanismos y controles.

Instalación de máquinas lavadoras

La instalación de los equipos se debe hacer de manera que la línea de producción de ropa limpia sea una línea recta y no tenga contacto con la ropa sucia. Para el cálculo de las capacidades de los equipos se considera lo mencionado en las Normas.

a) Ropa a lavar en un turno de 8 hs. - 100%
b) Centrífuga - 125%
c) Secado (tomboleo) - 25%
d) Planchado Plano - 75%
e) Planchado de forma - 0.05%

El secado puede aumentar hasta un 35% disminuyendo el planchado.

Se debe prever la existencia de 3 áreas perfectamente delimitadas:

    Área de clasificación.
    Área de proceso.
    Almacén de ropa limpia.

El mangle debe situarse directamente en la salida de la ropa limpia hacia el almacén ya que es donde se maneja el mayor porcentaje de la ropa procesada.

En segundo término, tenemos las tómbolas y por último las planchadoras de forma, las cuales pueden instalarse en lugares más distantes al almacén.

Por lo tanto, una lavandería debe estar constituida por los siguientes equipos y accesorios:

-Lavadoras.

-Centrífugas extractoras.

-Mangles.

-Compresoras de aire: Estos aparatos suministran aire comprimido para hacer funcionar las planchadoras.

-Carros transportadores: Se utilizan para mover la ropa dentro de la lavandería ya sea sucia, húmeda o terminada.

-Básculas: Son necesarias para pesar y controlar cargas y fórmulas en las lavadoras.

-Máquinas de coser: Su función es para coser ropa a la cual se le hayan roto las costuras.

Administración

Tomando en consideración que la lavandería es uno de los servicios de apoyo más importantes del hospital, una buena administración de ésta redundará en un bajo costo de producción, una buena calidad y un mejor servicio hospitalario. Una buena administración deberá considerar los siguientes aspectos:

a. Una revisión constante de los costos de producción comparándolas con los de las empresas comerciales.

b. Estar al día en el conocimiento de nuevos productos utilizados para el proceso de lavado, blanqueado y neutralizado.

c. Llevar un buen inventario de ropa.

d. Realizar estudios de los efectos de los jabones y sustancias químicas en las prendas.

e. Hacer pruebas de nuevos productos para los procesos y recomendar la compra de los mejores.

Resumiendo lo anterior, se puede afirmar que el servicio de lavandería de un hospital es de primordial importancia y se debe poner atención especial en su administración y mantenimiento.

La buena planeación de la lavandería, operación adecuada de los equipos, aplicación lógica de los procesos y el uso acertado de los productos químicos son pasos primordiales para lograr el suministro de ropa limpia, suficiente y oportuna.

Diagrama de flujo de lavandería hospitalaria

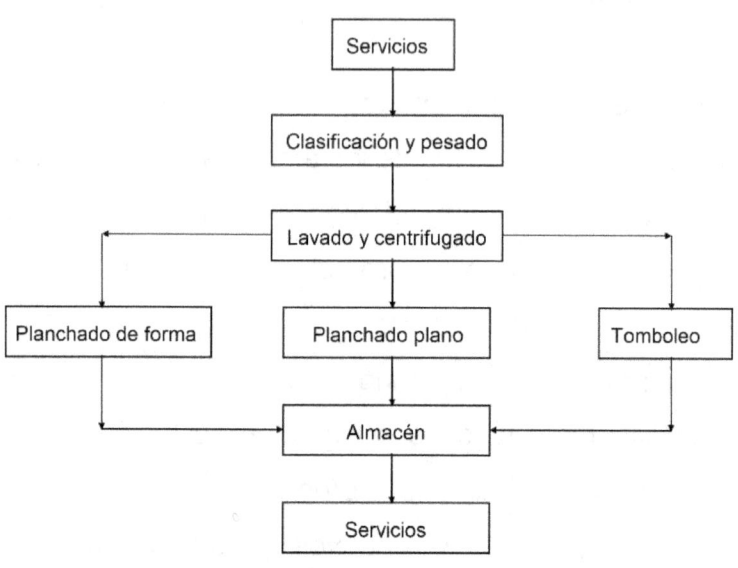

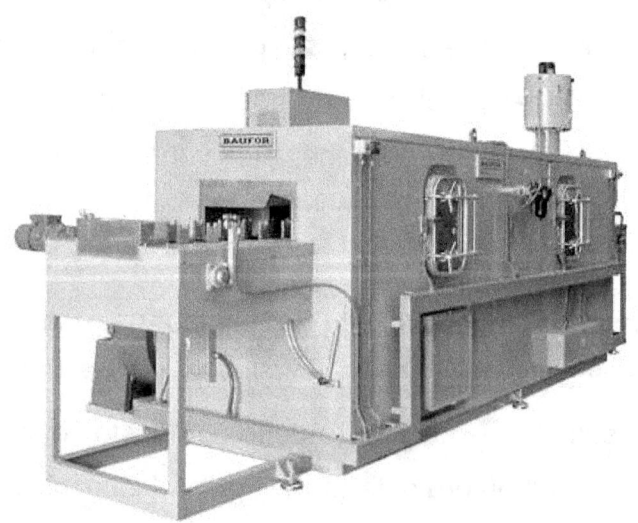

Lavadora industrial. Perspectiva

Mantenimiento preventivo

1. Lavadora y extractor de 12.5 kg.

a) Chumaceras: Elimine el polvo y la suciedad de la grasera y asegúrese que la grasa penetre libremente y llegue a la chumacera. La lubricación hágala con grasa del Nº 3.

b) Controles de ciclo de lavado: Revise quitando la tapa superior de la máquina, limpiando las terminales con lija suave. Cubra las terminales con un poco de vaselina sólida para prevenir la oxidación, comprobando que los platinos y las conexiones hagan buen contacto.

2. Lavadora mayor de 12.5 kg.

a) Chumacera: Limpie bien las graseras, inyecte grasa repelente al agua poniendo especial cuidado que ésta llegue a los baleros.

b) Controles eléctricos: Quite la tapa posterior del entrepaño superior, limpie las terminales, cúbralas con una película de vaselina sólida para evitar la oxidación y falsos contactos.

c) Nivel de aceite (control de velocidad): Lubrique el reductor con aceite SAE-40, revise el nivel por medio de dos tornillos opresores, uno para alto y otro para bajo nivel.

d) Cambio de aceite (control de velocidad): Use aceite SAE-40.

e) Empaque de hule de la puerta: Es necesario que éste no presente grietas, raspaduras o endurecimientos; que esté perfectamente pegado y ajustado y que no tenga canales o ranuras que permitan fugas de agua y escurrimientos. Cuando se encuentre dañado, cámbielo.

f) Bandas: Es necesario que éstas presenten la tensión adecuada para evitar calentamiento del motor, vea que no estén agrietadas o deshilachadas, en caso de ser así, cámbielas.

g) Freno magnético: Al revisar el contacto es necesario que los platinos no estén flameados o carbonizados, si es así límpielos o en caso necesario sustitúyalos. Verifique el libre movimiento del contacto accionándolo manualmente.

h) Freno de pedal: En las máquinas que tengan esta clase de freno efectúe la inspección estando la máquina parada, moviendo la canasta manualmente de abajo hacia arriba y a la inversa comprobando a la vez el frenado. Ajústelo de modo que frene gradualmente, vea que la balata tenga el espesor requerido y que el disco no esté rayado ni sucio, limpie ambos con gasolina dejando que ésta se evapore, no trate de quemarla.

Observe los remaches: si se encuentran muy cercanos al plato sustituya la balata.

i) Platinos (sistema reversible): Revise que estos no se encuentren carbonizados, flameados o deteriorados. Limpie las terminales, los platinos y contactos, use lijas suaves, lima para platinos y tetracloruros de carbono hasta dejarlos limpios y parejos para asegurar su correcto funcionamiento. En caso de encontrarlos demasiado gastados, sustitúyalos por nuevos.

j) Flotador de alto y bajo nivel: Elimine toda acumulación de escorias de detergente y lubrique los puntos en movimiento con grasa repelente al agua. Haga la raspa mecánica adecuada para la limpieza de residuos.

Compruebe que el flotador se mueva libremente y que los conductores comunicantes de agua no estén obstruidos por basura o suciedad; límpielo perfectamente y compruebe que el flotador accione las válvulas.

k) Corredera de las puertas: Corrija cualquier defecto en las correderas para evitar que se rompa la ropa y halla fugas de agua, elimine toda acumulación de escorias de detergente, telas adheridas, hilachos, etc.

l) Válvulas de agua: Corrija todas las fugas que existen y donde encuentre válvulas con goteo, cambie empaque procurando que el asiento de las válvulas no tenga residuos, incrustaciones o suciedad. Las cuerdas que unen al vástago no deben estar barridas y deben apretar correctamente.

Reponga los manerales que estén rotos o que falten. Al terminar pruebe las válvulas.

m) Válvulas de solenoide: Límpielas y compruebe que no tengan fugas de ninguna especie. Verifique que el voltaje que llega a sus bobinas es el correcto.

n) Émbolo de desagüe: Limpie el desagüe de la escoria del detergente, hilachos y telas. Si a pesar de estar limpio el empaque del cierre tiene fugas, reemplácelo.

3. Lavadoras domésticas

a) Cable de línea: Compruebe que la clavija no esté floja, oxidada. Si es así límpiela con lija. Compruebe que le llegue la energía al equipo; si el cable o la clavija están rotos, sustitúyalos.

b) Interruptores: Compruebe que funcionen normalmente, su sonido debe ser parejo o fuerte; en caso de falla cámbielos.

c) Bandas y poleas: La tensión de las bandas debe ser la adecuada: ¾ de pulgada. Si, al empujarlas con las manos, están agrietadas, rotas o presentan elasticidad, cámbielas de inmediato. Las poleas deben encontrarse firmes, alineadas y sin abolladuras; si presentan daños visibles sustitúyalas.

d) Bomba de agua: Compruebe que suba y desaloje agua correctamente verifique que no tenga ruidos extraños, en caso de falla sustitúyala.

e) Válvulas de solenoide: Verifique que llegue el voltaje adecuado y que su funcionamiento sea el correcto; con un alambre suave y delgado limpie sus orificios de paso; en caso de falla sustitúyalas por nuevas.

f) Rodillos y paletas: Es necesario que giren libremente, que estén alineados y que no tengan abolladuras o raspaduras, cámbielos si considera que es necesario.

g) Embrague y engrase: Es necesario que el embrague acople perfectamente con el sistema de transmisión; acérquelo o aléjelo al tornillo (que para este caso debe ser el cabezal). Compruebe que no vibre ni tenga "cabeceo"; en caso de haberlo, rectifique la flecha y cámbiale los baleros o los bujes. Revise que los engranes no muestren desgaste excesivo ni grietas y que acoplen perfectamente sin "cabeceo" o vibraciones, cuando esto suceda revise sus ejes o flechas. Sustitúyalos si es necesario.

h) Reloj de ciclos: Compruebe que los ciclos se efectúen correctamente.

Comunique toda falla al área responsable de su mantenimiento.

4. Secado

Centrífugas de 12 a 15 kg.

a) Caja del automático: Lubrique moderadamente el automático con aceite Nº. 20 observando el nivel adecuado.

b) Placa de anclaje: Previamente limpie las graseras, asegúrese un fluido correcto en los conductos, usando grasa para alta temperatura, al lubricar compruebe que la grasa penetre bien.

c) Bandas: Revise que las bandas de transmisión de movimiento no se encuentren flojas, mal apretadas o con daño visible, de ser necesario cámbielas. La banda debe tener ¾ de pulgada de desplazamiento al ser empujada con la mano.

d) Caja de baleros: Engrásela limpiando previamente las graseras, use grasa para alta temperatura, asegúrese de que penetre bien y no exceda sus niveles.

e) Frenos: Con el tensor de la parte inferior, revise el estado de la balata, comprobando que ésta sea del grosor adecuado y que los remaches estén alejados del plato; éste deberá presentar su superficie libre de rayones y grietas. La balata y el plato pueden ser limpiados con gasolina dejando que se evapore. Verifique su funcionamiento accionándolo manualmente.

f) Sistema eléctrico: El voltaje y la capacidad de los fusibles debe ser la correcta, elimine cualquier puente; vea que los elementos del arrancador sean los adecuados como se indica en la tapa de este. Limpie los platinos con tetracloruro de carbono, asegúrese de que queden lo más parejo posible.

g) Polea de presión: Verifique y corrija su sobre carga para evitar el calentamiento excesivo del motor, revise que no presente grietas, golpes o daño visibles, cámbiela si es necesario.

Tómbolas

a) Canastas: La canasta debe girar libremente y tener sus conexiones perfectamente alineadas y engrasadas. Compruebe que su movimiento es en el sentido de las manecillas del reloj.

b) Poleas, bandas y cadenas: Ajuste las bandas de modo que tenga un desplazamiento de ¾ de pulgada al ser empujadas con la mano. Limpie la cadena de transmisión, así como los engranes de toda pelusa y grasa. Utilice brocha, petróleo y trapo limpio. Engrase nuevamente con grasa amarilla. No ponga más que la cantidad necesaria.

c) Reductor de velocidad: Verifique que funciona libremente y sin vibraciones. Utilice aceite de transmisión Nº. 90 SAE, verificando antes sus niveles con los tornillos que se encuentran en la caja para alto y bajo nivel, por ningún motivo rebase el nivel de "completo".

d) Chumaceras: Limpie bien las graseras, cerciórese que los conductos de lubricación de las chumaceras no se encuentren obstruidos. Aplique grasa resistente a la temperatura.

e) Serpentines: Limpie los serpentines con aire a presión.

5. Planchado y costura
Mangles de 11 a 48 Pulgadas
a) Freno: Compruebe que la palanca del freno se encuentre firmemente apoyada, sin deslizamiento lateral o juego en sus pivotes de giro. El mecanismo debe encontrarse alineado con sus brazos de transmisión y acoplado a sus resortes. Para lubricar las partes móviles utilice grasa tipo grafitado.

b) Reductor de velocidad: Es necesario que funcione suavemente sin vibraciones ni zumbidos. Use aceite de trasmisión N°. 90 SAE, verificando previamente sus niveles con los tornillos que para alto y bajo nivel se encuentran en la caja, por ningún motivo éste debe rebasar el nivel de "completo".

c) Válvula de vapor y condensador: Si la válvula giratoria, la que proporciona vapor al cilindro y extrae los condensados, tiene fuga, corríjala utilizando empaques de teflón, de fibra grafitada y de preferencia use empaques originales de la máquina. Vea que estén ajustados todas sus tuercas y juntas de unión y, de acuerdo con la presión que debe funcionar al mangle, calibre el resorte de la válvula de vapor y condensadores con el tornillo que para esto tiene en la parte trasera.

d) Cadena de transmisión: Es necesario que estas se encuentren limpias de pelusa y suciedad, ligeramente engrasadas y perfectamente alineadas con los engranes de transmisión. Revise cuidadosamente que los eslabones no tengan daños visibles en cuyo caso deberá desmontar la cadena y reponer los eslabones dañados. En caso necesario sustituya totalmente. La tensión de la cadena no debe exceder 3/8 de pulgada de deslizamiento al empujarse con la mano. Es necesario que las poleas no tengan abolladuras, grietas o se encuentren desalineadas con respecto al resto del mecanismo.

e) Bandas: Las bandas para la transmisión de ropa no deben encontrarse cortadas, deshilachadas o mal unidas, en caso de ser necesario sustitúyalas.

f) Rodillos: Para evitar que la ropa salga arrugada verifique que los ejes de los rodillos estén perfectamente alineados y paralelos, con un nivel compruebe la horizontalidad.

El mecanismo del rodillo tensor de bandas debe estar perfectamente lubricado, en caso de no estar use grasa amarilla o aceite grueso.

Compruebe su funcionamiento varias veces y vea que tense las bandas uniformemente.

g) Funda del rodillo principal: Vea que sea la adecuada, que tenga la porosidad debida y que no esté dañada. Reemplácela si es necesario.

h) Tornillería y palancas: Reponga la tornillería faltante, así como los apoyos, palancas de operación y manerales que se encuentren dañados.

i) Tubería de gas: Vea que no haya fugas, con el probador, en caso de existir corríjalas de inmediato. Las tuberías de unión y las válvulas por donde conduce gas deben ser preferentemente de cobre o de bronce.

j) Tuberías de vapor: Vea que no haya fugas en las juntas que llegan al cilindro principal del mangle, si las hay use empaques y juntas resistentes a la presión, pero primero apriete las tuercas y compruebe si con eso se arregla.

6. Unidades de ropa y forma

a) Conexiones y tubería: Verifique que las conexiones se encuentren apretadas y que la manguera del cilindro no se encuentre reseca, agrietada o dañada visiblemente; compruebe que no haya fugas de aire en la tubería y conexiones, y que las válvulas no tengan manerales rotos o faltantes.

b) Mecanismo: Cambie los empaques del cilindro maestro cuando vea que el mecanismo no acciona correctamente. Cambie los empaques y asientos de la válvula de control cuando la unidad se atore o baje aprisa o muy despacio. Compruebe que no haya fugas en el mecanismo. Lubrique el cilindro adecuadamente, use aceite 10 SAE.

c) Resortes: Verifique que su tensión sea la adecuada en la máquina en funcionamiento. Sustitúyalo si es necesario.

d) Lubricación: Limpie previamente la grasa, lubrique los muñones de movimiento con grasa de alta temperatura. Compruebe que la grasa llegue al muñón.

e) Controles: Compruebe que accionan libre y adecuadamente. Compruebe que no tengan fugas y que sus tubos y líneas no tengan dobleces o estén maltratadas si es necesario cámbielas.

f) Manómetros: Verifique que son adecuados, compruebe su funcionamiento con un manómetro patrón. En caso de falla o rotura sustitúyalos.

7. Planchas Eléctricas Domésticas

a) Cable de línea: Vea que el contacto entre la clavija y la toma de corriente sea seguro y firme, si es necesario lije extremidades del contacto de la clavija y apriete los tornillos.

b) Sistema de vaporizante: Quite los tornillos de la parte superior y compruebe que los orificios laterales estén limpios; haga una raspa mecánica para eliminar las incrustaciones que están en la salida y en la cámara. Compruebe que el agua fluya.

c) Termostatos: Compruebe que la parrilla no esté rota ni floja. Verifique en su carrera coincidir el índice de la parrilla con la escala de colores de la carátula de la tapa. Compruebe que el termostato funcione incrementando el valor de 0o C. en adelante, compárelo sucesivamente ya sea con termómetro o manualmente. En caso de falla sustituya el termostato.

d) Resistencias: Con un multímetro o conectándola compruebe que calientan, en caso contrario sustitúyalas.

e) Tornillos: Reponga los tornillos faltantes y apriete los que están flojos, compruebe que el asa o maneral aislante no este flojo, roto o deteriorado, cámbielos si es necesario.

8. Máquinas de coser

a) Pedal: Limpie las partes que requieran de lubricación. Use aceite delgado aplicando de 2 a 5 gotas como máximo.

b) Interior de la cabeza: Por unos pequeños agujeros que se encuentren en la parte superior de la cabeza junto al porta-hilo y al porta-vástago, efectúe la lubricación poniendo de 2 a 5 gotas de aceite delgado, mueva suavemente el volante.

c) Vástago de la aguja: Quite la tapa y lubrique el vástago de la aguja directamente. Aproveche para lubricar las partes móviles. Use aceite delgado.

d) Carrete inferior, lanzadera o cangrejo: Lubrique el soporte del carrete inferior o bobina, limpie la pelusa de la caja de la bobina y la lanzadera de cangrejo.

Aplique solamente una gota de aceite delgado en el muelle de la tapa de la caja de la bobina.

e) Interior del cuerpo: Haga la lubricación de todas las partes móviles en el interior del cuerpo de la máquina. Use aceite delgado aplicando 2 a 5 gotas en los lugares convenientes.

f) Bandas: Revise que las bandas de transmisión de movimiento no se encuentren flojas, mal apretadas o con daño visible; de ser necesario cámbielas. La banda debe tener ¾ de pulgada de desplazamiento al ser empujada con la mano.

Supervisión

1. Trampas: Compruebe que sean de la capacidad adecuada y estén debidamente colocadas, compruebe que el sello de agua, el colocador, la válvula de retén y fuelle termostático se encuentren en buen estado, ajuste sus asientos, cambie sus empaques si se encuentran en mal estado.

2. Válvulas de retorno: Compruebe que están debidamente colocadas, verifique el buen estado y funcionamiento de los sellos. En caso de falla,

cámbielas y aunque no tenga falla cámbielas cada dos años.

3. Válvulas de presión: Compruebe que están debidamente colocadas, verifique el buen estado y funcionamiento de los sellos (cheks). Revise que el resorte tenga la tensión debida. En caso de falla, cámbielas y aunque no tenga falla cámbielas cada dos años.

4. Válvulas de seguridad: Verifique que sean de la capacidad adecuada y que su colocación sea correcta. Compruebe manualmente para verificar su funcionamiento. En caso de fallas cámbielas.

5. Manómetros: Verifique que sean de la capacidad adecuada. Compruebe su correcto funcionamiento comparándolos con un patrón. Revise que no estén dañados o sucios, en caso de falla cámbielos.

6. Tuberías y conexiones: Verifique que se encuentran en buen estado.
Compruebe que sus conexiones se encuentren limpias y sin fugas. Vea que las válvulas de paso

tengan sus volantes en buen estado y sin fugas. En caso de no poder corregir las fugas, cambie la tubería, así como conexiones y válvulas.

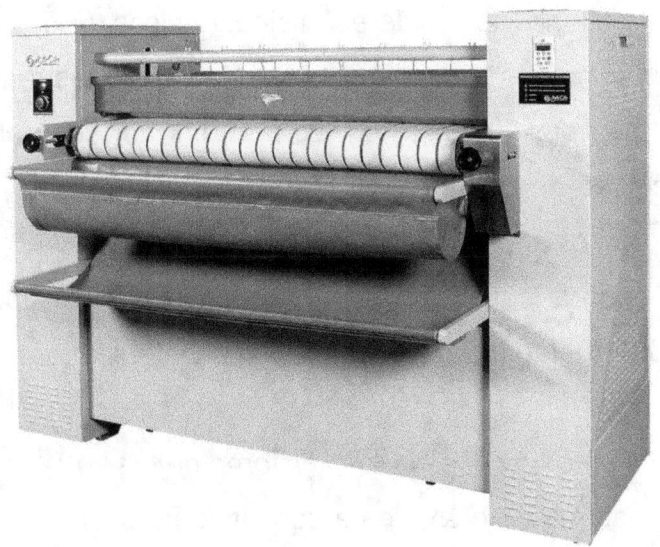

Planchadora, secadora calandra

Lavado de la ropa en lavandería industrial

¿Qué es el lavado?

El lavado consiste en la separación de la suciedad adherida a una superficie, evitando una vez separada, que vuelva a depositarse.

¿Qué es la detergencia?

Es la suma de "poderes" fisicoquímicos (mojantes, emulsionantes dispersantes, secuestrantes, antirredepositantes, etc.) con el fin de separar la suciedad de la superficie sólida (en definitiva, de que se produzca el lavado).

En general estos "poderes" fisicoquímicos los aporta el Detergente dentro de un Sistema Detersivo.

¿De qué está constituido el sistema detersivo?

Un sistema detersivo está constituido por el conjunto de los siguientes conceptos:

1) El sustrato:

Se trata de la superficie a lavar, que en el caso de la lavandería es la ropa o tejidos.

2) La suciedad:
Elemento no deseado y que hemos de destruir.

3) El baño de lavado:
Que se caracteriza o está formado por los siguientes elementos:
-El agua y su calidad y/o naturaleza. Es un excelente disolvente de substancias y es el disolvente universal por excelencia. El agua utilizable en lavanderías debe estar limpia y exenta de materiales en suspensión.
La dureza del agua es la cantidad de sales disueltas en la misma (normalmente sales de calcio y magnesio). Dichas sales son perjudiciales para el lavado, ya que pueden producir incrustaciones y agrisamientos en los textiles.
-Los productos solubilizados en el agua para eliminar la suciedad, a los cuales les denominaremos detergentes, son los portadores de los "poderes físico químicos" mencionados anteriormente.

4) La energía utilizable:
Normalmente son de dos tipos:
-Energía mecánica. En definitiva, se trata de producir un rozamiento

o choque entre los Substratos (tejidos) para favorecer el desprendimiento de las suciedades. (Antiguamente se frotaba con las manos ayudadas de una tabla o piedra/losa plana).

-Energía calorífica, utilizada para aumentar la temperatura del baño de lavado, ya que en general se consiguen mejores resultados de lavado por varios motivos fisicoquímicos (reducción tensión superficial agua, facilidad solubilidad en agua).

Factores fundamentales lavado textil

En un proceso de lavado textil intervienen conjuntamente cuatro factores.

-Químico: Agua, detergentes, productos de blanqueo, productos neutralizantes, suavizantes textiles, etc.

-Mecánico: Máquinas de lavar, altura de caída de ropa, velocidad de giro del tambor, relación de carga, relación de baño, etc.

-Tiempo: Duración del ciclo y sus diversas fases, etc.

-Temperatura: Temperatura de las distintas fases de lavado y su influencia.

Se pueden visualizar estos 4 factores en el círculo del Dr. Sinner:

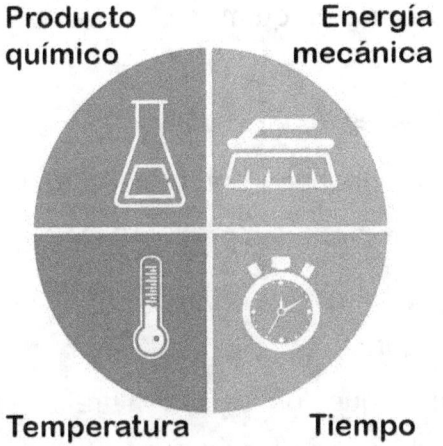

En todo proceso de lavado, estos cuatro factores deben estar perfectamente equilibrados. Cuando por necesidad o deficiencia de la lavandería se disminuye uno o más factores, debe sustituirse su efecto aumentando otros.

Ejemplo:
1. Ropa en remojo:
Al ser nula la acción mecánica, debe aumentarse el tiempo y la acción química.

2. Lavar la ropa en menos tiempo, manteniendo la calidad:

Al disminuir el factor mecánico y el tiempo, debe aumentarse la acción química.

Definición general de los poderes fisicoquímicos

Un agente de lavado, detergente, debe aportar al baño ciertas propiedades principales:

1. Poder mojante:

Es importante que los tejidos a tratar se sumerjan rápidamente en el baño de lavado.

2. Poder emulsionante y dispersante:

Es la facilidad y rapidez de quitar rápidamente la suciedad del substrato.

3. Poder antirredepositante:

Permite la evacuación de la suciedad extraída, evitando que se flocule o se redeposite sobre el tejido.

4. Poder secuestrante:

Capacidad de secuestrar iones metálicos o alcalinotérreos (calcio y magnesio), ya que éstos perjudican el baño de lavado debido a fenómenos químicos.

5. Poder saponificante:
Capacidad de formar jabones con algunos tipos de manchas de origen oleoso (aceites y grasas).

6. Poder disolvente:
Como su nombre indica, es la propiedad de disolver algunos tipos de mancha.

(Ejemplo: los fosfatos que favorecen la solubilización de manchas de albuminoides (manchas huevos, leche, etc.).

Estos 6 poderes son los más significativos y relevantes dentro de un sistema de lavado.

Existen otros poderes, por ejemplo: "poder inflante", "poder espumante", "poder inhibidor", etc., que mirados desde el punto de vista detergencia, son poco relevantes.

Clasificación de los detergentes por su aspecto físico

A partir de estas consideraciones, podemos entrar de forma más particular en los detergentes y su clasificación, que lógicamente se pueden clasificar de muy variadas y diversas formas:

Por su aspecto físico:
- Atomizados.
- Semiatomizados.
- Micronizados.

Atomizados

Son detergentes cuyas características principales son:

Densidad aparente: 300 - 500 g/l.

Alcalinidad: < 5% como NaOH.

Como su nombre indica, se obtienen por atomización que consiste en lo siguiente:

-Formar un slurry con los diferentes componentes del detergente.

-Se pulveriza este slurry en una torre de atomización, que consiste en realizar un secado súbito de las partículas pulverizadas con lo que se consiguen partículas huecas o semihuecas, con mucho volumen y poco peso por lo que la densidad aparente es muy baja. Son detergentes con una facilidad de arrastre y solubilidad muy alta, con una alcalinidad muy baja, en consecuencia, con un poder saponificante limitado.

Por otra parte, el costo de obtención es excesivamente alto debido a los gastos por el consumo de energía.

Semiatomizados

Obtenidos por mezcla de elementos atomizados y no atomizados.

Las propiedades principales son:

Densidad aparente: 500 - 700 g/l.

Alcalinidad: 5 - 20 % como NaOH.

Son los detergentes más corrientes utilizados en las lavanderías industriales, ya que tienen una muy buena capacidad de arrastre, así como una correcta solubilidad y, por otra parte, un elevado poder saponificante.

Micronizados

Son los obtenidos por mezcla de elementos no atomizados.

Las características principales son:

Densidad aparente: 700 - 900 g/l.

Alcalinidad: 15 - 30% como NaOH.

Normalmente son detergentes muy agresivos para lavados muy enérgicos.

La facilidad de arrastre y solubilidad es limitada.

El poder saponificante es muy alto por lo que son detergentes adecuados para un tipo de ropa de cocina y/o monos mecánicos, en donde la vida de la misma no sea un factor importante.

Clasificación de los detergentes por su aplicación
Elementos generales

Materias Activas:
- * No - iónicas: Condensadas en OE sobre cadena hidrófoba.
- * Aniónicas: - Derivadas LAS.
  - Jabones naturales.

Builders (Agentes alcalinos con acción sinergética)
- * Carbonatos.
- * Silicatos.
- * Fosfatos.
- etc.

Agentes Secuestrantes
- * Polifosfatos.
- * Secuestrantes orgánicos.
- * Zeolitas.
- etc.

Elementos auxiliares

-Tamponantes: Correctores pH:

                    Bicarbonatos.

-Blanqueantes químicos: Persales.

-Blanqueantes ópticos: Derivados orgánicos. Estilbénicos.

-Antirredepositantes: C.M.C.

-Catalizadores e inhibidores: Sulfatos, alúmina y magnésicos.

-Mejoras organolépticas: Colorantes y perfumes.

-Cargas: Sales neutras. Sulfato sódico.

-Enzimas.

Detergentes para el prelavado

Según el proceso de lavado, los detergentes utilizados durante el prelavado son productos compuestos por:

    Materia activa...............normal/baja (4 -8%)
    Builders........................elevados (40/60%)
    Secuestrantes...............normal/bajo (5/15%)
    Aditivos........................bajos (c.s)

Es decir, son productos donde se requiere un poder saponificante elevado y un buen poder mojante.

En cambio, no es necesario en general, la presencia de aditivos como: Blanqueantes, tamponantes, esencias, etc.

La presencia o no de secuestrantes depende de la calidad de agua del lavado.

Detergentes para el lavado en aguas blandas y aguas duras

La diferencia esencial entre estos dos tipos de detergentes es el contenido en secuestrantes (polifosfatos).

La composición de estos detergentes es del siguiente orden:

	Aguas blandas	**Aguas duras**
Materia activa	(8-12%) media/alta	Idem
Builders	(20-30%) medio	Idem
Secuestrantes	(5-15%) bajos	(15-40%) altos
Blanqueantes ópticos	(c.s.) contiene	(c.s.) Idem
Antirredepositantes	(2-5%) alto	(1%) medio/bajo

Detergentes para el lavado en frio y en caliente

La diferencia entre estos dos tipos de detergentes se manifiesta básicamente en el contenido de materia activa. Así pues, un detergente para lavar en frío tiene un % de materia activa superior a un detergente para lavar en caliente; se puede decir que la ausencia de temperatura se sustituye por materia activa y/o viceversa.

La composición típica de estos detergentes sería como sigue:

	Frío	Caliente
Materia activa	Alta (12-16%)	Media/baja (8-10%)
Builders	Medio/alto (20-30%)	Medio/bajo (10-20%)
Secuestrantes	Medio (20-40%)	Medio (20-40%)
Blanq. Ópticos	c.s.	c.s.
Antirredeposit.	Medio (1-2%)	Medio (1-2%)

Detergentes completos

Son detergentes que contienen un agente de blanqueo capaz de liberar oxígeno, como por ejemplo Perborato.

Normalmente son detergentes para lavar en caliente que además de aportar poder detergente, aporta también poder blanqueante y desinfectante, siendo innecesaria la utilización de hipoclorito. Sus composiciones son similares a las indicadas, con la diferencia esencial que contiene entre 10 -20 % de una Persal, que si es perborato conviene lavar en caliente para obtener mayor rendimiento y si es otro tipo de persal, puede ser utilizado a temperaturas inferiores.

Detergentes enzimáticos
Igual a anteriores, pero contienen enzimas.

Auxiliares de lavandería
1) Auxiliares de Blanqueo:
 Hipoclorito.
 Agua oxigenada.
 Perborato.
 y/u otras persales.
2) Neutralizantes:
 Alcalinidad: Ácidos orgánicos débiles.
 (acético, cítrico, fórmico).
 Cloro: Bisulfitos, Hidrosulfitos, etc.
3) Suavizantes.
4) Humectantes.

Agentes de blanqueo basados en cloro

Existen dos tipos fundamentales:

-Los hipocloritos (lejías).

-Los derivados de cloro orgánico (lejía en polvo).

En ambos casos el responsable del blanqueo es el oxígeno activo que se libera durante su hidrólisis cuando están disueltos en agua.

El inconveniente de este tipo de blanqueo es que, además de liberar oxígeno activo, se forma ácido clorhídrico y, si no está muy bien controlado el pH (≈10), puede llegar a producir roturas y degradación de las fibras celulósicas.

Para una suciedad normal, se recomiendan las siguientes dosificaciones:

Temperatura de cloro activo/litro de agua baño

Hasta 40°C............................... 0,3 - 0,4

De 40°C a 50°C........................ 0,2 - 0,3

De 50°C a 60°C........................ 0,1 - 0,2

El tiempo de lejiado oscilará entre 2 y 5 minutos.

En el caso de derivados de cloro orgánico y para temperaturas de 50°C se recomiendan las siguientes dosis:

Sábanas y toallas................... 2 a 3 grs/kg de ropa
Prendas muy manchadas.........4 a 6 grs/kg de ropa

Las reacciones de hidrólisis que tienen efecto son las siguientes:

$$NaOCL + H_2O ==== NaOH + HClO$$
$$HClO ===== HCl + O°$$

Otro gran inconveniente es que si estamos trabajando con aguas ferraginosas o que contengan partículas de hierro hemos de eliminarlos previamente, ya que de lo contrario este metal cataliza la acción de oxidación de la lejía, provocando perforaciones y/o roturas en las partes del tejido depositadas.

Otro de los inconvenientes del uso de lejías o aclarado es que debemos asegurarnos de la ausencia de cloro antes del calandrado, ya que si no puede formarse clorhídrico y por tanto perforar el tejido.

Agua oxigenada
Es el agente oxidante más utilizado en la industria textil para el blanqueo de las fibras.

Las reacciones de disociación que tienen lugar en un medio alcalino son las siguientes:

$$H_2O_2 + OH^- \Longleftrightarrow H_2 + HO_2^-$$
(iones alcalinos) (Iones peróxido de hidrógeno)

$$HO_2^- \Longleftrightarrow OH^- + O°$$
(oxígeno activo: responsable del blanqueo)

En presencia de metales pesados el H2O2 puede descomponerse de una forma rápida y descontrolada. Como consecuencia, aumenta el ataque químico sobre la celulosa por oxidación, produciendo degradaciones sobre la fibra.

La forma de controlar el desprendimiento de O° es mediante estabilizadores (por ej. Silicatos) o bien mediante secuestrantes específicos de metales pesados. Según sea el caso se utiliza un sistema u otro.

Las ventajas de blanqueo con H_2O_2 respecto al hipoclorito, es que se pueden realizar procesos de blanqueo en frío o en caliente (80-100°C), cosa que con el hipoclorito solo es recomendable hasta 50 o 60°C como máximo. Por otra parte, en hospitales, clínicas, etc. uno de los desinfectantes utilizados es el

"Hibitane" o similares, que producen unas manchas que en un proceso normal de lavado pueden eliminarse, pero si se tratan con lejías, las manchas se fijan de tal forma, que prácticamente son imposibles de eliminar y toman un color amarillo/pardo.

Perboratos y otras persales

Desde el punto de vista de blanqueo de textiles, el comportamiento y resultados son similares a las de H_2O_2 porque en definitiva son "dadores" de oxígeno activo. Las ventajas respecto a esta última, es que son productos sólidos y mucho más fáciles de manipular. La persal más conocida y utilizada es el perborato, el cual si no está activado libera el oxígeno a partir de 70°C, por lo que normalmente se recomienda lavar a esta temperatura cuando se utilizan "detergentes completos".

No obstante, puede conseguirse también lavar a temperaturas inferiores si utilizamos un perborato activado o bien otros tipos de persales (percarbonatos, persulfatos, etc.) que son capaces de liberar oxígeno activo a temperaturas ambientales.

Agentes neutralizantes

Bajo este concepto existen dos posibilidades que deben ser aclaradas en las lavanderías. Estas dos posibilidades son:

-Neutralizantes de la alcalinidad.

-Neutralizantes de cloro.

Los neutralizantes de la alcalinidad son ácidos orgánicos débiles (acético, fórmico, etc.), mientras que los neutralizantes de cloro son agentes reductores que neutralizan el efecto oxidante del cloro.

Se utilizará uno u otro según la necesidad.

Ejemplos:

1. Restos altos de alcalinidad y sin cloro: neutralizante ácido.

2. Restos poca alcalinidad y sin cloro: neutralizante ácido.

3. Restos altos de alcalinidad y alto de cloro: ácidos + reductores.

4. Restos poca alcalinidad y alto cloro: neutralizante reductor.

5. Restos poca alcalinidad y poco cloro: neutralizante reductor.

Suavizantes

Son tensioactivos catiónicos cuya propiedad, entre otras, es su gran sustantividad sobre fibras textiles, confiriéndoles un tacto suave y lleno.

Otras propiedades es que impiden la formación de electricidad estática, facilita el planchado, tiene efectos bactericidas, etc.

La composición básica de los suavizantes es de dos tipos:

    -Derivados de amonios cuaternarios.

    -Derivados Inmidazolínicos.

El primero es el más tradicionalmente utilizado, ya que proporcionan mayor poder suavizante.

El segundo en cambio tiene un poder "Reweting" superior.

Humectantes

Son composiciones de tensioactivos aniónicos y no iónicos para conseguir, como su nombre indica, un poder humectante superior en el baño de remojo, lavado, etc.

Normalmente además de aumentar el poder mojante del baño, aumenta también el poder emulsionante y detergente del mismo.

Se utiliza frecuentemente en el lavado de ropa hospitalaria durante el remojado, para facilitar la eliminación de todo tipo de suciedad que puede fijarse posteriormente.

También es muy utilizado en el lavado de mantelerías para aumentar el poder emulsionante.

Procesos de lavado
Los procesos de lavado deben ser adecuados a los diferentes tipos de fibra, suciedad, temperatura de lavado, dureza de agua, etc.

Antes del proceso de lavado, se debe realizar una selección de la ropa según comportamiento de esta en el lavado.

En general en hostelería, hospitales e instituciones, la ropa más corrientemente utilizada, es ropa blanca de algodón o mezcla de algodón/poliéster.

Manual de Lavadoras *Ing. Miguel D'Addario*

Clasificación de la ropa

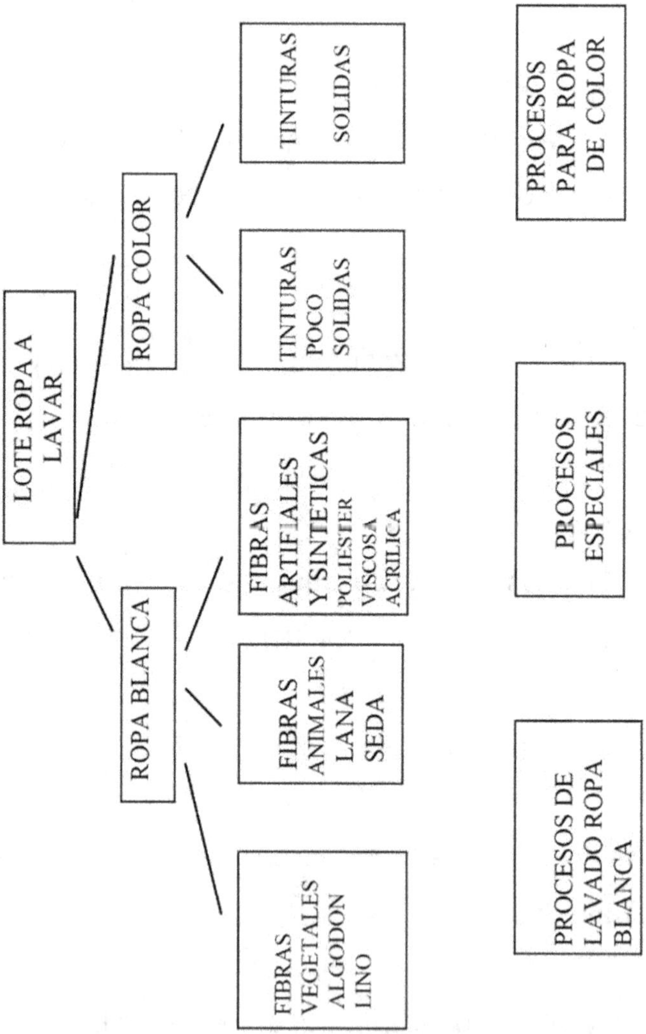

```
                                              ┌──────────────┐
                                              │  TINTURAS    │
                                          ┌───│  SOLIDAS     │
                                          │   └──────────────┘
                          ┌───────────┐   │                          ┌──────────────┐
                          │ ROPA      │───┤                          │  PROCESOS    │
                          │ COLOR     │   │                          │  PARA ROPA   │
                          └───────────┘   │   ┌──────────────┐       │  DE COLOR    │
                       ╱                  │   │  TINTURAS    │       └──────────────┘
                      ╱                   └───│  POCO        │
   ┌──────────────┐ ╱                         │  SOLIDAS     │
   │ LOTE ROPA A  │╱                          └──────────────┘
   │ LAVAR        │╲
   └──────────────┘ ╲                         ┌──────────────┐
                     ╲                        │  FIBRAS      │
                      ╲                   ┌───│  ARTIFIALES  │
                       ╲                  │   │  Y SINTETICAS│       ┌──────────────┐
                          ┌───────────┐   │   │  POLIESTER   │       │  PROCESOS    │
                          │           │   │   │  VISCOSA     │       │  ESPECIALES  │
                          │ ROPA      │───┤   │  ACRILICA    │       └──────────────┘
                          │ BLANCA    │   │   └──────────────┘
                          │           │   │   ┌──────────────┐
                          └───────────┘   │   │  FIBRAS      │
                                          ├───│  ANIMALES    │
                                          │   │  LANA        │
                                          │   │  SEDA        │
                                          │   └──────────────┘
                                          │   ┌──────────────┐
                                          │   │  FIBRAS      │       ┌──────────────┐
                                          │   │  VEGETALES   │       │  PROCESOS DE │
                                          └───│  ALGODON     │       │  LAVADO ROPA │
                                              │  LINO        │       │  BLANCA      │
                                              └──────────────┘       └──────────────┘
```

Manual de Lavadoras Ing. Miguel D'Addario

Procesos lavados generales para ropa blanca de algodón o mezclas algodón – poliéster

A) proceso lavado alta temperatura (80-90°C)

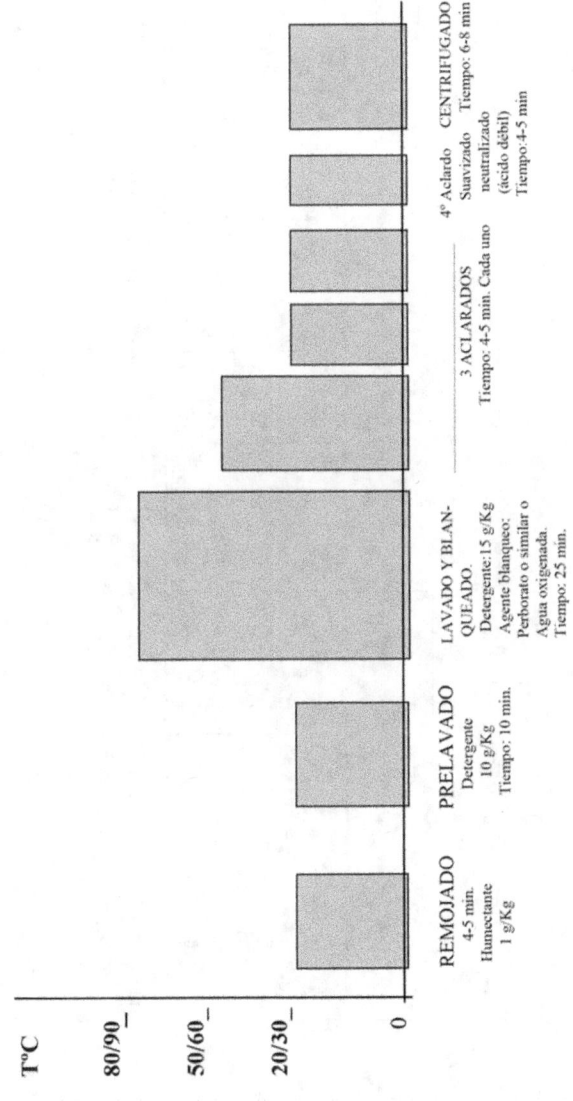

Manual de Lavadoras Ing. Miguel D'Addario

B) Proceso de lavado temperatura media (50-60°C)

NOTA: En ocasiones, según las circunstancias y sistemas de dosificación, se realiza simultáneamente el lavado y blanqueo con hipoclorito o "lejía en polvo".

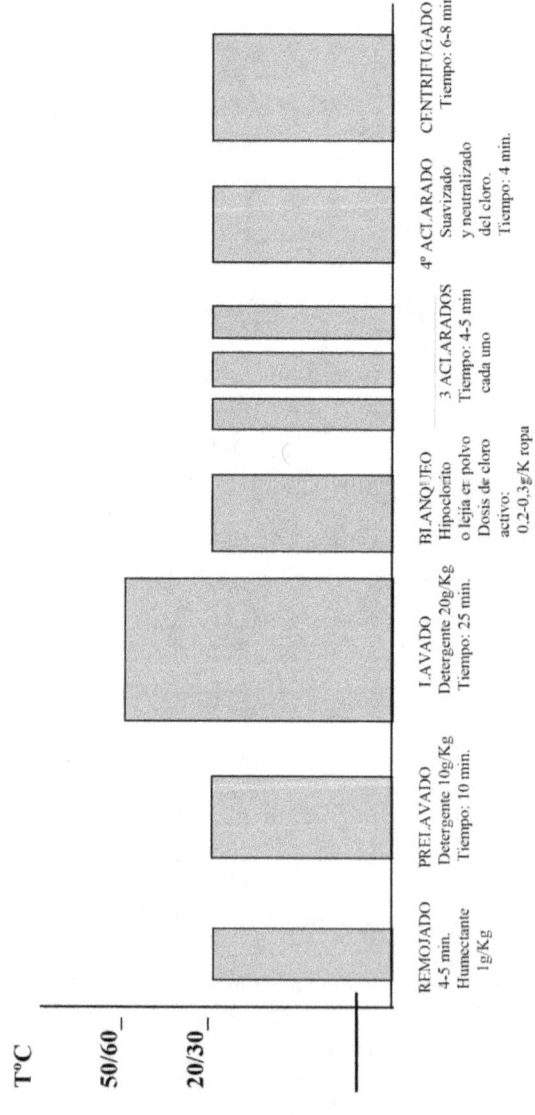

Manual de Lavadoras *Ing. Miguel D'Addario*

Proceso general para el lavado de ropa de color (tinturas sólidas)

NOTA: Antes de proceder al lavado, hay que tener en cuenta si el tipo de fibra puede ser lavada a 50-60ºC.

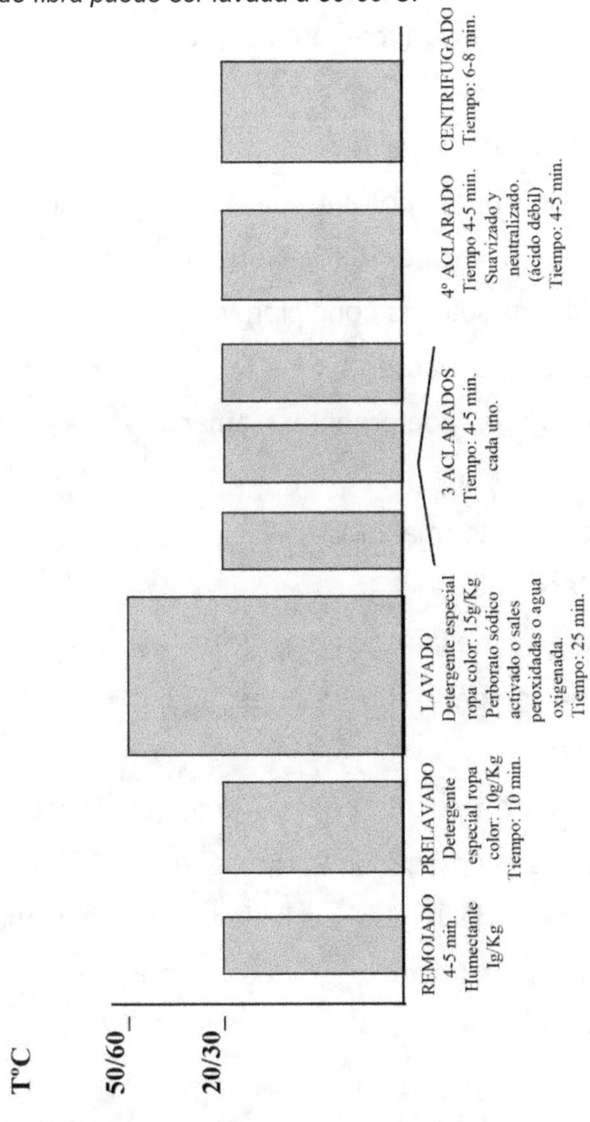

T°C — 50/60 — 20/30

REMOJADO
4-5 min.
Humectante
1g/Kg

PRELAVADO
Detergente
especial ropa
color: 10g/Kg
Tiempo: 10 min.

LAVADO
Detergente especial
ropa color: 15g/Kg
Perborato sódico
activado o sales
peroxidadas o agua
oxigenada.
Tiempo: 25 min.

3 ACLARADOS
Tiempo: 4-5 min.
cada uno.

4º ACLARADO
Tiempo 4-5 min.
Suavizado y
neutralizado
(ácido débil)
Tiempo: 4-5 min.

CENTRIFUGADO
Tiempo: 6-8 min.

Procesos de lavado especiales

No puede generalizarse, ya que existen tantas variedades de tipos de fibras y de tan diverso comportamiento, que hace que se tenga que considerar en cada momento el proceso adecuado.

Importancia del aclarado

Si el lavado es importante para la presentación de la prenda, el aclarado determinará el confort y duración del tejido en óptimas condiciones.

-Defectos del aclarado:

Residuos del detergente: Amarilleo de prendas blancas.

Enrarecimiento (mal olor).

Incrustaciones.

Residuos de Lejía: Agrisamiento.

Degradación de la fibra (roturas, agujeros).

-Observación:

Para tener en cuenta que los procesos reflejados en páginas anteriores son muy generales y por tanto deben ser adecuados en la lavandería teniendo en cuenta tipos de ropa, grados y tipos de suciedad, calidad de agua, etc.

Reconocimientos básicos de las fibras

A) Fibras naturales:

Origen animal: Al quemar huelen a pelo quemado.

Origen vegetal: Al quemar huelen a papel quemado.

Origen mineral: No arden.

B) Fibras artificiales:

Comportamiento similar a las naturales.

C) Fibras sintéticas:

Al quemar se funden formando una bola dura.

Elementos y agentes de lavandería

-Agua.

La calidad del agua determina un proceso de lavado y la calidad de este.

Debe estar exenta, lo más posible, de sustancias en disolución y suspensión, como sales cálcicas, hierro, materias orgánicas, etc.

La cantidad de sales cálcicas y magnésicas que contiene el agua determina el grado de dureza y, dependiendo de él, clasificaremos las aguas en:

• Aguas blandas: hasta 10 H.F.

• Aguas semiduras: de 11 a 25 H.F

Manual de Lavadoras Ing. Miguel D'Addario

- Aguas duras: de 25 a 60 H.F
- Aguas muy duras: más de 60 H.F

Cuanto más baja es la dureza, mejor para el lavado.

-Temperatura.

Nos indicará si el proceso de lavado es en frío o en caliente. Además, se utilizará en los procesos de secado y planchado.

La temperatura se puede conseguir habitualmente por vapor de agua, por electricidad o por gas.

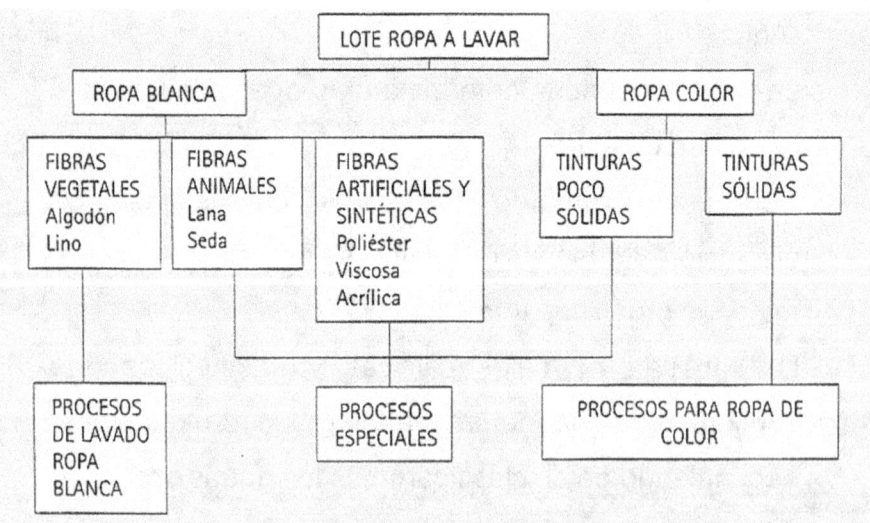

Maquinaria

Cuadro sinóptico

```
           ⎧ AUTOMÁTICAS ⎧ Bombo frontal
           ⎪              ⎨ Tuneles de lavado
           ⎪              ⎩ Bombo horizontal
LAVADORAS ⎨ CONVENCIONALES (BOMBO HORIZONTAL)
           ⎪
           ⎩ CENTRIFUGAS INCORPORADAS A LA LAVADORA
             HIDROEXTRACTORAS.

SECADO  -  SECADORAS ROTATIVAS
```

PLANCHADO
- MESAS PLANCHA
- MANIQUIES
- TUNELES
- CALANDRA: (de uno, dos, tres rodillos).
  Se componen de un elemento calefactor (cubeta) y otro de planchado (fricción del cilindro con la cubeta).
  El cilindro está perforado de una forma uniforme en toda su superficie y está recubierto por un revestimiento metálico y un muletón que le dan la elasticidad suficiente para conseguir una presión regular sobre la cubeta.
- PURGADORES: Sirven para evacuar los condensados de vapor.

La humedad residual del centrifugado para un perfecto planchado debe ser inferior al 55%.

Posibles dificultades en el lavado

PROBLEMA	CONSECUENCIA	SOLUCION
Aguas muy duras °HF>40	-Pérdida rendimiento del detergente. -Precipitados insolubles. -Incrustaciones en el textil. -Agrisamiento del textil. -Tacto áspero	-Aumentar dosis detergente. -Instalar depurador agua. -Utilizar detergente con un alto poder de secuestro.
Aguas muy alcalinas T.A>0mg/l CO3Na2 T.A.C> 250mg/l CO3Na2 Problemas en los aclarados.	-Restos alcalinos en la ropa. -Incrustaciones, tacto áspero y agrisamientos. Dificultades de planchado.	-Adicionar un ácido débil en el último aclarado.
Restos de detergente sobre el tejido. El T.A del último aclarado es >0mg/l CO3Na2	-Incrustaciones, tacto áspero y agrisamientos. -Dificultades de planchado.	-Aumentar el número de aclarados. -Adicionar un ácido débil en el último aclarado.
Manchas de óxido sobre la ropa.	-Pérdida de resistencia de la ropa. -Amarilleamiento de la ropa o bién aparición de manchas amarillo/rojizas. -Roturas de la ropa.	-Antes de lavar hacer un tratamiento con ácido secuestrante de hierro a la menor dosificación posible. -Despues lavar normalmente.
Aguas ferruginosas. (Aguas que contienen sales de hierro disueltas).	-Pérdida de resistencia de la ropa. -Amarilleamiento de la ropa o bién aparición de manchas amarillo/rojizas. -Roturas de la ropa.	-Revisar la instalación (caldera, tuberias, válvulas etc. que no estén oxidadas). -Adicionar en el último aclarado un secuestrante especifico de hierro.
Aguas salinas ClNa >1,5 g/l	-Dificultades en el planchado. -Deficiencias de lavado. -Incrustaciones	Detergente especial para aguas salinas

PROBLEMAS	CONSECUENCIAS	SOLUCIONES
Restos de cloro en el textil	-Formación de ácido clorhídrico durante el calandrado. -Produce roturas y degradación de las fibras celulósicas.	-Adicionar en el último aclarado un producto anticloro.
Falta efecto de blanqueo con perborato	-Tejido con un bajo grado de blanco. -Agrisamiento o amarilleamiento.	-Comprobar las dosis de perborato. -Comprobar que trabaja a temperatura >70°C -Comprobar grado de perboratación.
Falta efecto blanqueo con hipoclorito.	-Tejido con un bajo grado de blanco. -Agrisamiento o amarilleamiento.	-Comprobar dosis de hipoclorito. -Comprobar concentración de cloro activo de hipoclorito. -Dosificar el cloro activo de acuerdo con la concentración hallada del hipoclorito.
Incrustaciones en el tejido.	-Agrisamientos y tacto áspero. -Rotura del tejido	-Comprobar TAC<250 mg/l CO3Na2. -Comprobar dosis de detergente. -Aumentar número de aclarados. -Utilizar un ácido débil en el último aclarado.

Prevención de riesgos en lavanderías

Las cotidianas medidas de rutina que la comunidad adopta en materia de prevención y control de infecciones suelen ser eficaces si se cumplen con constancia; pero los establecimientos sanitarios requieren medidas más complejas para prevenir las Infecciones Asociadas al Cuidado de la Salud (IACS). Los indicadores de calidad son esenciales para la buena atención y seguridad de los pacientes.

Es probable que los medios asistenciales no lleguen nunca a estar totalmente a salvo de las infecciones, por el simple hecho de que están destinados a atender enfermos.

Las enfermedades y las infecciones están siempre presentes, razón por la cual se deberán prever todas las medidas necesarias para que el ambiente institucional esté exento de microorganismos hasta el límite de lo posible.

La prevención y el control de las enfermedades transmisibles exigen constante atención e implacable lucha para proteger al paciente no infectado de toda enfermedad o infección.

Se deberá contrarrestar en el paciente todo incremento de infección preexistente de índole no transmisible, y de este modo limitar la propagación de una enfermedad transmisible o infecciosa preexistente, para que no afecte a otros pacientes, a los visitantes o al personal.

Los trabajadores de la salud se exponen con frecuencia a infecciones dentro de las instituciones sanitarias (hospital- dispensario- consultorios-etc.) Cualquier enfermedad transmisible puede ocurrir en el medio sanitario y afectar a todo el personal. Los trabajadores de la salud no solo corren el riesgo de contraer infecciones sino también de ser fuentes de infección para los pacientes. Por esto, tanto el paciente, familiares, visitantes y comunidad como el trabajador de la salud deben ser protegidos de contraer o transmitir infecciones en instituciones en las instituciones de salud, mediante el cumplimiento de las medidas recomendadas para el control de estas. Un elemento clave de la calidad de servicio percibida por los usuarios de un centro sanitario, sobre todo en el hospital, es la ropa utilizada en el mismo, sobre la cual todos tenemos criterios de valor para formar una opinión. Pero, además de su importancia estética, dado el bienestar psíquico producido por una ropa "limpia", no podemos dejar de considerar el riesgo que representa su manipulación y uso, ya que puede ser vehículo de agentes infecciosos. Aunque la ropa sucia se ha identificado como posible fuente de numerosos microorganismos patógenos, el riesgo de transmisión cruzada entre pacientes es despreciable. El riesgo para los trabajadores es algo mayor, pero este desaparece cuando los trabajadores encargados de la segregación, transporte, manipulación y lavado de la ropa siguen una serie de normas que se han demostrado útiles para minimizar el riesgo.

El objetivo principal del lavadero es proporcionar, a pacientes y personal, un suministro adecuado de ropa limpia, entregada a los usuarios de manera tal, que se minimice la contaminación microbiana por contacto con superficies contaminadas o provenientes de aerosoles microbianos. En él, se recibirá la ropa de los diferentes sectores del Hospital, se cuantificará la ropa de los distintos servicios, se procederá al lavado, secado y planchado de la misma y luego de embolsar se entregará al personal de servicio (mucamos/as) de cada servicio para su uso.

El personal de salud en el lavadero

El personal que desempeñe su trabajo en el lavadero debe contar con:

-Conocimientos en bioseguridad.

-Precauciones estándares, vacunación y habilidades y destrezas específicas para el servicio.

-Teniendo en cuenta los elementos de protección personal (EPI) según el área dónde se encuentre (sucia/limpia).

Las mismas son:
- Recepcionar la ropa sucia.
- Clasificar y cuantificar la ropa sucia.
- Cargar y descargar las lavadoras con sus respectivos detergentes y blanqueadores, res
- petando las cantidades según el fabricante.
- Cargar y descargar las secadoras.
- Planchar la ropa limpia.
- Plegar y organizar la ropa limpia de acuerdo con cada servicio.
- Entregar en condiciones óptimas la ropa limpia.

Manual de Lavadoras *Ing. Miguel D'Addario*

Diagrama de flujo

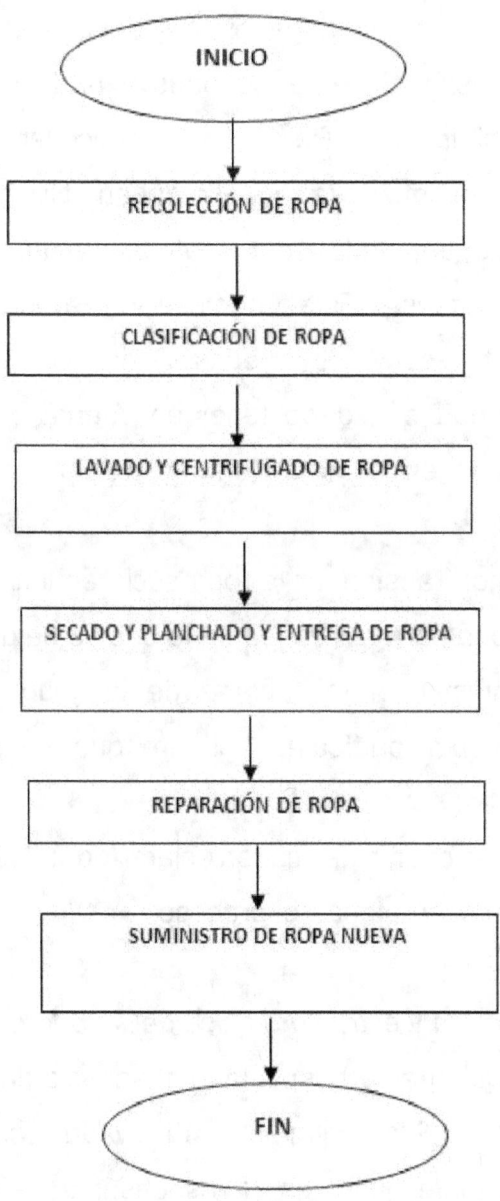

Servicio de lavadero

Si bien la ropa puede albergar gran número de microorganismos patógenos, los riesgos actuales de la transmisión de enfermedades a partir de la ropa son mínimos. Para el procesamiento y almacenamiento de la ropa, se deben utilizar prácticas higiénicas emanadas del sentido común, más que rígidas reglas. Está demostrado que lo más importante son las medidas de control y de bioseguridad que debe tener en cuenta el personal involucrado en el tratamiento y manipulación de la ropa.

-Propósito: transformar la ropa sucia en limpia, lo que ofrece ropa para ser usada en la que se ha disminuido la contaminación microbiana de las superficies de contacto, por partículas del aire que se depositan sobre ellas.

-Objetivos: definir de manera clara todos los pasos a seguir en cada etapa del proceso.

Organigrama y estructura física del lavadero

En el organigrama hospitalario el servicio de lavadero pertenece a "Mantenimiento". El lavadero cuenta con su propio jefe quién es el responsable de organizar los días y horarios laborables, los descansos y distribuir al personal a cargo según las necesidades.

Deberá poseer una barrera sanitaria con doble entrada dividiendo en dos sectores claramente identificados e independientes entre sí (área sucia y área limpia) asegurando las facilidades para el lavado de manos con los elementos apropiados. Contando además con un control ambiental de la carga térmica, iluminación y ventilación.

Área sucia
• Ingreso y clasificación de la ropa sucia.
• Carga de ropa sucia a la lavadora.

Área limpia
• Salida de la ropa limpia de las lavadoras.
• Proceso de secado de la ropa.
• Proceso de planchado.
• Depósito de ropa limpia.
• Egreso de la ropa limpia.

Elementos de protección individual (EPI) para el personal
• Ambo de trabajo.

- Delantal impermeable al agua y permeable al vapor.
- Guantes industriales.
- Cofias (pelo recogido).
- Botas de goma.
- Barbijo.
- Antiparras.
- Protectores auditivos.

Cada operador debe tener su propio EPI.

Si no se dispone de material descartable, estos elementos luego de ser usados deben ser lavados con detergente para luego ser sometidos a desinfección con hipoclorito de sodio.

Todo el personal debe estar inmunizado contra la Hepatitis B, el Tétano y anualmente Influenza.

Etapas en la manipulación de la ropa

Ropa sucia

-Recolección y transporte: La ropa sucia que se genera en la unidad del paciente (de uso personal y de cama) o en la institución, es colocada por el enfermero/a en carros específicos con bolsas plásticas blancas (asegurar que no entre en la bolsa ningún elemento no textil. El salvacamas y toda aquella ropa que se considere residuo se procesará como tal. No agitar ni airear la ropa.) Cerrar la bolsa perfectamente para su posterior cierre, rotulado con palotes en donde se explicite la cantidad y tipo de ropa para asegurar la conservación del patrimonio y traslado al lavadero en carros cerrados y de uso exclusivo por el personal de servicio general (mucamo/a) de cada área de internación o consultorio en el horario de ingreso de guardia de mañana y de la tarde. Previo reporte escrito en la planita tipo.

Planilla tipo:

LAVADERO CENTRAL
Hospital:_____

Sala:	Fecha:
Tipo de ropa	**Cantidad**
Sábanas	
Cubrecamas	
Frazadas	
Fundas	
Compresas	
Fajas	
Batas	
Gorros	
Otros	
Total	
Firma:	

Nota: no deben utilizarse bolsas negras o rojas, ya que estos colores están recomendados para los residuos. En el protocolo se definirá un recorrido para el transporte de la ropa sucia desde su punto de producción hasta la lavandería, estableciendo específicamente el circuito (corredores, ascensores, etc.) para evitar en lo posible el cruce de líneas sucias y limpias, la utilización de ascensores de pacientes y público, etc. estableciendo los sistemas de actuación ante situaciones imprevistas (averías de ascensores, zonas de difícil acceso…), y teniendo en cuenta las siguientes recomendaciones:

-No deben trasladarse por el Hospital bolsas de ropa sucia que no estén perfectamente cerradas.

-La ropa sucia debe recogerse de forma ordenada evitando un movimiento innecesario por el Hospital.

-En ningún momento se arrastrará por el suelo los sacos de ropa sucia, utilizándose "sistemas rodantes" para tal efecto.

-Se evitará el transvase de ropa sucia de una bolsa a otra.

-El transporte debe ajustarse a los horarios de producción para evitar el amontonamiento tanto de ropa limpia como de ropa sucia. Para ello es necesario coordinar previamente los servicios implicados en el transporte, recogida de la ropa, lencería y lavandería que quedarán definidos en el protocolo. La ropa debe transportarse en dos circuitos diferentes: uno de ropa sucia y otro de ropa limpia. Estos dos circuitos no deben cruzarse, deben ser independientes y han de estar claramente diferenciados tanto en las rutas, como en los medios que lo forman. Para asegurar el cumplimiento de estas medidas se dispondrá bien de dos vehículos distintos con rutas opuestas: uno llevará la ropa sucia del hospital a la lavandería y el otro la ropa limpia de la lavandería al hospital.

-Si el centro hospitalario utiliza un servicio privado de lavandería se dispondrá de un solo vehículo, estableciendo en el protocolo intracentro un sistema que evite el cruzamiento de ropa limpia/sucia. El vehículo no podrá ser utilizado para otra actividad diferente al transporte de ropa hospitalaria. Los vehículos (tanto propios como ajenos) deben ser cerrados y se limpiarán periódicamente con productos aprobados por la Unidad de Medicina Preventiva del Centro. Esta periodicidad será determinada por cada centro en función de la actividad, tipo de ropa y frecuencia del transporte. Cada Centro establecerá los registros pertinentes para constatar el cumplimiento de esta norma.

La ropa sucia debe ser clasificada y contada por el personal capacitado en el área sucia del servicio del lavadero. Una vez seleccionada (evitar sacudir para disminuir al máximo la movilización de partículas-observar la ausencia de objetos personales o de otro tipo), se coloca en las máquinas lavadoras, donde los detergentes o jabones específicos quitarán la suciedad y eliminarán gran parte de los microorganismos. El agua caliente también es un medio eficaz para destruir microorganismos. Se debe asegurar una temperatura de por lo menos 71º C durante un mínimo de 25 minutos.

El blanqueo con hipoclorito de sodio 50-150 ppm proporciona un margen adicional de seguridad al lavado.

La clasificación de la ropa sucia no es necesaria porque el proceso de tratamiento en todos sus pasos asegura una disminución significativa de la carga bacteriana.

No se debe mezclar detergentes con lavandina porque se aumenta la toxicidad y se pierden en la interacción sus propiedades, pues se inactivan.

Ropa limpia

-Secado y planchado: Finalizado el lavado, la ropa es colocada en la secadora (80°C). Luego se procede al planchado (130°C), procedimiento altamente efectivo para la eliminación de microorganismos.

-Almacenamiento: La ropa limpia, seca, plegada y planchada debe almacenarse en armarios cerrados, secos, protegidos de polvo, humedad e insectos lista para entregar a cada servicio.

-Traslado: Los carros utilizados para el transporte de la ropa limpia no deben ser los mismos que se utilizan en la recolección de ropa sucia. Los mismos deben garantizar la conservación de la limpieza.

-Colchones y almohadas: Los colchones y almohadas pueden contaminarse con fluidos corporales del paciente si los elementos usados para su protección no los aíslan en su totalidad o son de textura permeable.

Los colchones y las almohadas mojados pueden ser importante reservorio de microorganismos patógenos. Para evitar la transmisión, deben ser protegidos con fundas de material impermeable que permitan mantener su limpieza y descontaminación o descarte, entre la estadía de un paciente y otro. Si no es así, deben ser sometidos al proceso de lavado luego de la utilización de cada paciente.

-Registros: Deberá registrarse en planillas o cuadernos la ropa que ingresa y egresa (tipo, cantidad, firma de quién recibe y entrega, observaciones, etc.), los servicios técnicos preventivos y de reparación de los equipos (lavadoras, planchadoras, etc.) realizados y un instructivo en el que se especifique la metodología de lavado de cada máquina.

Bioseguridad en el hospital

La bioseguridad es la aplicación de conocimientos, técnicas y equipamientos para prevenir la exposición a agentes potencialmente infecciosos o considerados de riesgo biológico, en personas, laboratorios, áreas hospitalarias y medio ambiente.

La bioseguridad hospitalaria, mediante medidas científicas organizativas, define las condiciones de contención bajos los cuáles las gentes infecciosas deben manipularse, con el objetivo de confinar el riesgo biológico y reducir la exposición potencial de agentes infecciosos del personal de laboratorio o áreas hospitalarias críticas, el personal de áreas no críticas, los pacientes, el público en general y el medio ambiente.

Los principios de la bioseguridad pueden resumirse en los siguientes:

-Universalidad: las medidas deben involucrar a todos los pacientes, trabajadores y profesionales de todos los servicios, independientemente de si se conoce su serología. Todo el personal debe seguir rutinariamente las precauciones estándar para prevenir la exposición de la piel y de las membranas mucosas en todas las situaciones que puedan dar origen a accidentes, estando o sin estar previsto el contacto con sangre o cualquier otro fluido corporal del paciente. Estas precauciones deben ser aplicadas en todas las personas, independientemente de si presentan enfermedades o si no lo hacen.

-Uso de barreras: comprende el concepto de evitar la exposición directa a la sangre y a otros fluidos orgánicos potencialmente contaminantes, mediante la utilización de materiales adecuados que se interpongan al contacto con los mismos.

-Medios de eliminación de material contaminado: Comprende el conjunto de dispositivos y procedimientos adecuados mediante los cuales los materiales utilizados en la atención de pacientes son depositados y eliminados sin riesgo.

Los trabajadores de la salud están en riesgo de exposición a una variedad de agentes que pueden causar enfermedad y pueden transmitirse a otros trabajadores y pacientes.

El personal encargado de la salud ocupacional y de la prevención y control de las infecciones, puede minimizar el riesgo manteniendo la información necesaria, realizando tamizaciones, inmunizaciones e investigación, determinando el riesgo potencial, su prevención y el manejo de las exposiciones, y priorizando la asignación de recursos para la reducción del riesgo.

Precauciones estándares
Objetivos
-Reducir el riesgo de transmisión al personal de patógenos de la sangre y reducir la transmisión de microorganismos resistentes entre pacientes

-Aislar todos los fluidos corporales del paciente, principalmente la sangre, para protección del equipo de salud.

-Aislar las secreciones y excreciones del paciente (orina- materia fecal- saliva- secreciones purulentas, etc.) para prevenir la transmisión cruzada entre pacientes.

El creciente número de pacientes con infecciones en potencia fatales es causa de preocupación entre los trabajadores de la salud, tanto como el riesgo de transmisión de éstos patógenos.

Los microorganismos causantes de infecciones intrahospitalarias (IH) pueden ser transmitidos por los pacientes colonizados, o infectados, a otros pacientes o al personal.

Se debe tener en cuenta que para que se produzca una infección, deben estar presentes en forma conjunta los seis elementos que constituyen la "cadena de transmisión" y que son:

-Agente causal: es el microorganismo viable en cantidad suficiente para producir una infección.

-Reservorio: lugar dónde los microorganismos crecen y se multiplican. Pueden ser animados (personas o animales) o inanimados (agua- aire o superficies).

-Puerta de salida: es la vía por dónde el agente abandona el reservorio. Ej.: vía aérea- vía fecal-oral- piel- etc.

-Modo de transmisión: es la forma en la que el agente se traslada hacia el huésped; pueden ser las manos del personal o un elemento contaminado.

-Puerta de entrada: es la vía por dónde el agente ingresa al huésped susceptible, por ejemplo, la piel-la vía aérea-etc. (las mismas que las puertas de salida).

-Huésped susceptible: es la persona cuyos mecanismos de defensa propios son insuficientes para evitar la infección después del ingreso de un agente en particular.

Cadena de transmisión

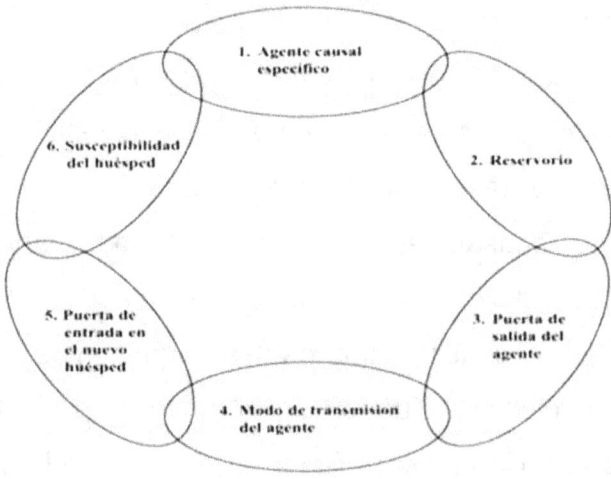

Prevención de IH en trabajadores de la salud, según las vías de transmisión

La prevención de la diseminación de la enfermedad generalmente requiere "romper la cadena de infección", por ejemplo, interrumpir las rutas normales de transmisión. Las siguientes medidas están dirigidas a los métodos específicos de diseminación.

-Higiene de manos: deben lavarse cuando estén sucias y antes de iniciar el cuidado de un nuevo paciente. La frotación de las manos con alcohol es aceptable, a menos que las manos estén visiblemente sucias.

Elementos de protección individual (EPI)

-Guantes: se usarán en toda situación que tenga riesgo de contacto de las manos con sangre, fluidos corporales que contengan sangre o no, piel lesionada o mucosas. El tipo de guante se seleccionará de acuerdo con el grado de asepsia que el procedimiento requiera: limpios o estériles.

-Barbijos y protectores oculares: se usarán en todo procedimiento de atención de pacientes que implique el riesgo de producir salpicaduras o aerolización con sangre o fluidos corporales.

El operador decidirá utilizarlos de acuerdo con el riesgo que evalúe.

-Camisolín: se utilizará en procedimientos que impliquen posibilidad de salpicaduras en piel y ropa con sangre y fluidos corporales. El operador decidirá su utilización de acuerdo con el riesgo que evalúe en el procedimiento.

Medidas para evitar accidentes corto-punzantes

-No encapuche las agujas usadas, ni realice otro tipo de manipulación con ellas que implique la utilización de ambas manos.

-No realice ninguna maniobra que implique dirigir el extremo de la aguja hacia alguna parte del cuerpo.

-No remueva las agujas de las jeringas con las manos, no las doble, quiebre, ni realice ninguna manipulación que involucre riesgo de lesión.

-Coloque las agujas usadas en los recipientes suministrados para el descarte de agujas.

-Los descartadores de agujas deberán estar en el lugar donde se realiza el procedimiento de modo que pueda descartar la aguja inmediatamente luego del uso.

-No retirar las tapas de los descartadores.

Simbología de prevención y advertencias

Se deben desinfectar todos los artículos entre su uso en los pacientes (termómetro).

Se debe hacer un buen manejo y eliminación de la ropa sucia y residuos para evitar el contacto con la piel.

Vacunación del personal de la salud
La vacunación en el personal de la salud tiene un doble objetivo:

-Proteger al trabajador.

-Proteger a los pacientes que se relacionan con él.

Se deberá incluir en los planes de inmunización a todo el personal de salud. Esta categoría se define por el lugar de trabajo y por la tarea que se desempeñe. No tiene ninguna importancia el tipo de contrato que tenga el individuo con la empresa (de trabajo, de aprendizaje, de colaboración solidaria), la forma de retribución (personal asalariado, rentado o gratuito) o el nivel del cargo que ocupa. Se considera trabajador de la salud a todo el que trabaja en una institución dedicada a la salud y está en contacto tanto con pacientes, sus humores o tejidos, como con instrumental utilizado con los mismos.

Todo trabajador de la salud es ante todo un adulto, por lo cual está comprendido en las recomendaciones de vacunación de la población general.

Se evaluará al personal al momento de su incorporación a la institución, considerando las vacunas recibidas y los antecedentes de enfermedades.

Es aconsejable que las vacunas queden asentadas en el legajo de cada trabajador, así como se considera de buena práctica entregar un certificado de la prestación al individuo, para su control personal.

Inmunizaciones que debe recibir todo el personal
Difteria/Tétano: denominada familiarmente "la doble", está indicada para todos los adultos cada 10 años, asumiendo que han recibido el esquema básico de tres aplicaciones en un año durante la infancia.
En el caso de los trabajadores de la salud, podemos por lo tanto suponer que requerirán a lo sumo un refuerzo.
-Hepatitis B: la incidencia de infección con el virus de hepatitis B entre los trabajadores de la salud es mayor que en la población general y aumenta con los años de ejercicio profesional.
Desde el año 2003, se ha incorporado la vacunación al calendario pediátrico, pero ya desde 1992 la Ley obliga a todos los empleadores de centros de atención de salud a vacunar, con esquema completo, a sus trabajadores. Esquema de 3 dosis en un año: a)-0,1 y 6 meses Influenza (Antigripal): está indicada en el personal de salud a fin de disminuir la posibilidad de transmisión de la enfermedad a los pacientes, sobre todo a los grupos de mayor riesgo,

por la morbimortalidad asociada (ancianos, inmunocomprometidos, neonatos, etc.) Se administrará la vacuna durante el otoño en forma anual.

Residuos de establecimientos de salud

Los residuos "hospitalarios" o de "establecimientos de salud" (RES) son, actualmente, una importante preocupación en la gestión integral de la salud. Estos residuos no revisten sólo características infecciosas sino también otras características de peligrosidad (Código de Naciones Unidas) como la inflamabilidad, corrosividad, toxicidad en sus distintas formas, etc.

Es por ello por lo que al hablar de residuos de establecimientos de salud se debe tener en cuenta que los residuos patogénicos son sólo parte de un universo de residuos que deben ser segregados y tratados adecuadamente.

La gestión de residuos en un establecimiento de salud implica "Un conjunto de acciones destinadas al manejo y disposición segura de los residuos del establecimiento. Ello significa contar con un procedimiento para cada una de estas acciones como también el registro de los residuos generados, avalado por la documentación en cumplimiento de la normativa vigente.

La gestión interna de residuos comprende
-Clasificación de los residuos.
-Segregación diferenciada.
-Planificación de sectores de almacenamiento primario de residuos.
-Empleo de contenedores seguros e identificados.
-Utilización de bolsas reglamentarias.
-Establecer rutas de recolección determinadas.
-Identificación de zonas de riesgo.
-Utilización de señales recordatorias.
-Cumplimiento de las características específicas del local para el almacenamiento transitorio de residuos peligrosos.
-Realización de auditorías internas de gestión de residuos.
-Transporte y tratamiento de residuos por empresas autorizadas por el organismo competente.
-Visita a las empresas que prestan el servicio de tratamiento.
-Registro de generación de residuos.
-Capacitación del personal, etc.

Clasificación de los RES

Residuos comunes o asimilables a domésticos: son los residuos que por sus características no presentan ningún riesgo para la salud humana o animal y son comparables a la mayoría de los residuos que se generan en las viviendas. Son los residuos generados por las actividades administrativas, de cocina, de limpieza de jardines, etc. Por ejemplo: papeles, cartones, plásticos, restos de alimentos y de su preparación, maderas, tierra, etc.

-Residuos biocontaminados: agrupa a los residuos comúnmente identificados como patogénicos, patológicos, biopatogénicos, infecciosos. Son los residuos con potencial o real capacidad de producir una enfermedad infecciosa, debido a su contaminación con material y/o agentes biológicos.

Dentro de esta categoría:

-Biológicos: cultivos, inóculos, mezcla de microorganismos y medios de cultivo inoculados provenientes del laboratorio clínico o de investigación, vacunas a virus vivo o atenuado vencidas o inutilizadas, ¬litro de gases aspiradores de áreas contaminadas por agentes infecciosos y cualquier residuo contaminado por estos materiales.

Bolsas conteniendo sangre humana y Hemoderivados: materiales o bolsas con contenido de sangre humana de pacientes, con plazo de utilización vencida, serología positiva, muestras de sangre para análisis, suero, plasma y otros subproductos o Hemoderivados.

-Residuos Quirúrgicos y Anatomopatológicos: tejidos, órganos, piezas anatómicas y residuos sólidos contaminados con sangre resultantes de una cirugía, autopsia u otros.

-Punzocortantes: elementos punzocortantes que estuvieron en contacto con pacientes o agentes infecciosos, incluyen agujas hipodérmicas, jeringas, pipetas, bisturís, placas de cultivo, agujas de sutura, catéteres con aguja y otros objetos de vidrios enteros o rotos u objetos cortopunzantes desechados.

-Animales contaminados: los cadáveres o partes de animales inoculados, expuestos a microorganismos patógenos o portadores de enfermedades infectocontagiosas; así como sus lechos o residuos que hayan tenido contacto con éste.

-De atención al paciente: residuos sólidos contaminados con secreciones, excreciones y demás líquidos orgánicos provenientes de la atención de pacientes, incluyéndose los restos de alimentos de pacientes infectocontagiosos.

-Residuos químicos peligrosos: son los residuos químicos reactivos, corrosivos, inflamables, oxidantes o tóxicos, generados en áreas particulares o generales de los establecimientos de salud como laboratorios, servicio de anatomía patológica, citología, mantenimiento, farmacia, terapia oncológica, odontología, radiología, diagnóstico por imágenes, etc. y sectores donde se utilizan equipos o instrumental con contenido de metales pesados.

-Residuos radioactivos: es "todo material, radiactivo, combinado o no con material no radiactivo, que haya sido utilizado en procesos productivos o aplicaciones, para los cuales no se prevean usos inmediatos posteriores en la misma instalación, y que, por sus características radiológicas no puedan ser dispersados en el ambiente de acuerdo con los límites establecidos por la Autoridad Regulatoria Nuclear".

Estos residuos se generan en áreas de terapia radiante y diagnóstico.

Manual de Lavadoras Ing. Miguel D'Addario

Señalética para la gestión de RES

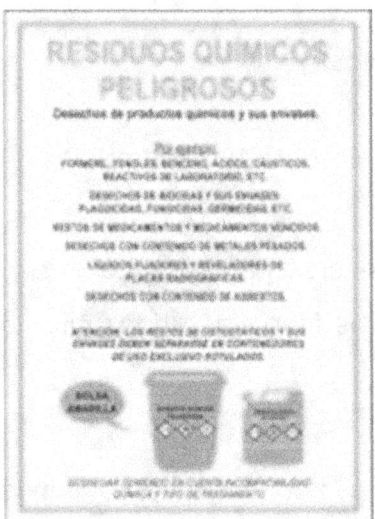

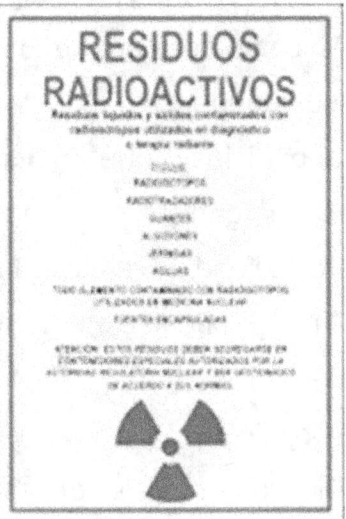

Higiene

El medio ambiente del hospital ha sido señalado, en algunas oportunidades, como causa directa de infección de los pacientes y ha sido responsable de grandes brotes epidémicos. La limpieza hospitalaria es uno de los aspectos fundamentales en el control de infecciones. Se define limpieza, "como la remoción física de la materia orgánica y la suciedad de los objetos".

El número y tipo de microorganismos en las superficies del medio ambiente sufre la influencia de los siguientes factores:

Nº de personas en el lugar.

Mucha o poca actividad.

Humedad.

Superficies que favorezcan el desarrollo de microorganismos.

Posibilidad de remover los microorganismos del aire.

Tipo y orientación de las superficies (horizontal o vertical).

-Objetivos:

Disminuir la mayor cantidad de microorganismos contaminantes y suciedad del medio ambiente.

-Conocer la importancia de la higiene hospitalaria en la transmisión de infecciones.

-Conocer el procedimiento correcto para realizar la limpieza.

-Adecuar los procedimientos a cada sector del hospital.

-Generalidades:

-El método de limpieza varía entre los diferentes sectores del hospital, el tipo de superficie a ser limpiada, cantidad y características de la suciedad presente.

-Es necesario la fricción con agua, detergente y trapo limpio para remover la suciedad y los microorganismos.

-La limpieza es necesaria antes de cualquier proceso de desinfección.

-Siempre debe realizarse desde las áreas menos sucias a las más sucias y de las más altas a las más bajas en una sola dirección sin retroceder.

-No utilizar métodos secos (plumeros, escobillón, escobas, aserrín, etc.). para evitar la dispersión de polvo o suciedad que pueden contener microorganismos.

-Eliminar de los sectores de internación: planta, flores naturales y artificiales, peluches, fotos, cartitas, estampitas, etc.

Las superficies del medio ambiente hospitalario se dividen en dos grupos:

-Poco tocadas: o superficies con contacto mínimo con las manos: techos, paredes, ventanas y pisos.

-Altamente tocadas: o superficies con alto contacto con las manos: cabecera y piecera de la cama, barandas de las camas, colchones, almohadas, pie de sueros, biombos, mesas de luz, de comer, mesas auxiliares, paneles de oxígeno, piletas, carros de curaciones, llave de luz, computadoras, teclados, teléfonos, porteros, camillas, sillas, banquetas, sillones de ruedas, dispensario de jabón, picaportes, etc.

Todo lo que rodea al paciente deber ser sometido a una rigurosa limpieza.

-Agentes de limpieza: Los agentes de limpieza incluyen varias categorías como desinfectantes, detergentes y fluidos de sanidad.

La elección de este depende de la superficie que se limpiará, el nivel de contaminación y la población de pacientes.

Los productos de limpieza deben ser seleccionados de acuerdo con la intención de uso, la seguridad, el costo, la eficacia, la compatibilidad con el agua y la aceptación del personal.

Es también importante que el agente remueva la suciedad sin dejar residuos.

Diversos agentes de limpieza están disponibles, y cada uno tiene propiedades diferentes que se deben considerar a los efectos de determinar su efectividad.

Un buen detergente debe remover la suciedad quitando a los microorganismos su protección y rompiendo los grupos de bacterias, que permiten al desinfectante tener un contacto directo con las mismas e incrementar la tasa de destrucción.

-Desinfección: Es el proceso que elimina microorganismos de las superficies por medio de agentes químicos, con excepción de las esporas bacterianas.

El hipoclorito de sodio (lejía) es el más usado en las instituciones de salud actualmente.

Es bactericida de elevada potencia, activos frente a bacterias Gram positivas y Gram negativas, virus, esporas y bacilo de la tuberculosis, su actividad frente a otras micobacterias es variable.

Recomendaciones finales

-Nunca debe mezclarse con detergente porque produce vapores tóxicos para quién la usa y se inactiva su función desinfectante.

-Es irritante para la piel y mucosas.

-La materia orgánica (sangre), reduce su actividad.

-Las diluciones deben realizarse en el momento de uso.

-No utilizar sobre superficies cromadas o metálicas porque produce corrosión.

-Debe almacenarse en envases opacos.

-No usar agua caliente para su dilución.

-Los elementos o superficies a desinfectar deben estar limpios previamente.

-No use la lavandina pura, utilícela siempre diluida para que su poder sea efectivo.

-La eficacia de un proceso de desinfección depende de la limpieza previa de las superficies y objetos.

-El equipo necesario para la limpieza está compuesto por 2 baldes, 2 trapos de piso, un par de guantes de uso doméstico, 1 escurridor, 3 trapos rejilla, detergente uso doméstico, lavandina, escobilla de baño.

Glosario de términos

-Acabado antifluido o water repelling; por medio de productos flurocarbonados que se aplican a las telas se logra una repelencia al agua, a las manchas y a los fluidos en general.

-Acabado cover print: resina que se aplica por estampación a telas de tejido plano y que puede ser transparente o pigmentada de cualquier color, después de un lavado con enzimas da un efecto de marcación de costuras muy interesante y un tacto especial a la tela.

-Acabado Flat: aporta a la tela en su teñido una apariencia plana.

-Acabado metalizado: es un proceso de aplicación de colorante brillante o con apariencia plateado o dorado.

-Centrifugado: Eliminación por acción mecánica de la humedad de las prendas después del lavado.

-Craquelado: Arrugas permanentes que pueden ser en toda la prenda o en partes localizadas.

-Clasificar: Ordenar o disponer por clases (Diccionario de la Real Academia Española).

-Contaminado: Contagio o impregnado de un objeto, alimento o aire con microorganismos patógenos o sustancias nocivas para la salud (Diccionario de la Real Academia Española).

-Desgaste mediante motor tool: localizado principalmente en terminaciones de la prenda donde se rompen hilos del tejido para generar un efecto de corroído, también llamado destroyed.

-Devore: acabado que se obtiene aplicando productos químicos corrosivos sobre un tejido construido con fibras de diferente naturaleza con el fin de que el algodón sea consumido por el ácido y la tela quede con un efecto de transparencia en esa zona.

-Diresules: producto utilizado para la imitación del Denim en color índigo profundo en tejido de punto enfocado a procesos posteriores de lavandería y aplicable a cualquier base de algodón 100 % y mezclas con elastómero.

-Desinfección: Operación mediante la cual se destruyen los microorganismos, excepto las formas de resistencia, o se evita su desarrollo (Guía de procedimientos de limpieza en el medio hospitalario).

-Detergente: Sustancia química con capacidad de eliminar la suciedad adherida a la superficie de los objetos inanimados o tejidos vivos (Bautista Navajas JM y Cols: 1997).

-Estampado Guess: se estampa la tela en una o en las dos caras con un colorante que permitirá tener un degradado proporcional a medida que se lave la tela, usado para lograr un efecto desgastado.

-Estampado pigmento lavare: estampado con colorantes pigmento en el que se define un porcentaje de fijación en la tela dependiendo de que condición final de lavado se quiere.

-Extrasuave: proceso físico-químico que se aplica en popelinas strech livianas para tactos muy especiales obteniendo así prendas camiseras más suaves y no tan acartonadas.

-Higiene: Conjunto de normas para evitar enfermedades o infecciones. Aseo, limpieza (Diccionario de la Real Academia Española).

-Lavado: Proceso de regeneración (limpieza) de los textiles que se efectúan en la lavandería, por tratamiento con tensos activos acompañado de un fuerte remojado con un posterior secado y planchado (Diccionario de la Real Academia Española).

-Lavandería: Lugar especialmente dispuesto y destinado al lavado de ropa (Diccionario de la Real Academia Española).

-Lavandería: Lugar especialmente dispuesto y destinado al lavado de ropa (Diccionario de la Real Academia Española).

-Lencería Hospitalaria: Ropa de uso exclusivo para manejo pacientes dentro de la institución. Incluye ropa de cirugía, sabanas hospitalización, etc.

-Limpieza: Acción mediante la que se elimina la suciedad (manchas visibles o partículas macroscópicas no inherentes al material que se va a limpiar) de una superficie u objeto, sin causarle daño (Guía de procedimientos de limpieza en el medio hospitalario).

-Optisules: producto para generar un acabado desgastado o envejecido con procesos de lavandería muy cortos sobre bases en algodón 100 % y mezclas con elastómero.

-Proceso de Lavado: Proceso por medio del cual se remueve la suciedad y desinfecta la ropa que se recoge en los servicios.

-Planchado: Acondicionamiento y desinfección final de ropa a alta temperatura antes de ser dirigida de nuevo al servicio.

-Protección antibacterial: acabado que prolonga las condiciones de frescura e higiene en las telas, previniendo el desarrollo de bacteria causantes de molestias, irritaciones y olores indeseables, para una mayor sensación de libertad y confort.

-Protección UV: protección antisolar, una cualidad adicional de acción bloqueadora que minimiza los efectos nocivos de la radiación ultravioleta sobre la piel, como quemaduras, envejecimiento prematuro y perdida de elasticidad.

Ropa: Todo género de tela que, con variedad de cortes y hechuras, sirve para el uso o adorno de las personas o cosas (Diccionario de la Real Academia Española).

-Ropa sucia: Se considera ropa sucia aquella que no ha tenido exposición a fluidos corporales como sangre, vomito etc.

-Ropa contaminada: Se considera ropa contaminada a cualquier prenda que se encuentre en contacto íntimo con fluidos corporales.

-Remendado: Proceso de costura de prendas en mal estado que puedan ser recuperadas para el uso en los servicios.

-Rain wash: desgaste de color con demarcación de costuras que se logra mediante temperaturas muy altas en un lavado con arena y piedra.

-Secado: Proceso en el que se elimina humedad en la ropa por medio acción mecánica y flujo de aire a 70ºC.

-Soft: proceso físico de fricción especial que se le da a la tela para obtener tacto suave tipo piel de durazno.

-Stone: desgaste parejo del índigo o color azul que nos permite determinar su tonalidad, oscuro, medio, claro o hielo.

-Tye-dye: Degradado irregular o manchas de uno o más colores logrado por amarres localizados.

Anexo: Secadoras

La primera definición de secadora en el diccionario de la real academia de la lengua española es que seca. Otro significado de secadora en el diccionario es cada uno de los diversos aparatos y máquinas destinados a secar las manos, el cabello, la ropa, etc.
Secadora es también utensilio de limpieza consistente en un brazo de goma con mango, que se desliza a ras del piso para enjugarlo.
La secadora es un electrodoméstico con una función muy definida, secar la ropa, su uso es más habitual en los meses de lluvias o en los que la humedad del ambiente no permite que la ropa se seque.
El funcionamiento de la secadora es muy sencillo, cuenta con un tambor lleno de agujeros en el que se coloca la ropa, este tambor gira, mientras tanto fuera del tambor hay salidas de aire caliente que fuerzan el secado de la ropa, la humedad es recogida y condensada para que vuelva a ser agua y poder evacuarla por un desagüe, existen modelos que evacuan el vapor directamente, pero necesitan una salida al exterior.

Reparaciones de secadoras

La secadora cuenta con programas especializados para cada función a realizar, estos programas hacen variar la temperatura del aire caliente, la duración del programa y la velocidad de rotación del tambor, ajustándose para cada tipo de prenda, incluso hay modelos que tiene programas para planchado, estos programas no planchan la ropa, pero la dejan con cierto grado de humedad para que salga menos arrugada y facilitar así el planchado. Si su secadora no funciona correctamente corre el riesgo de estropear algunas prendas, si nota que su secadora actúa de forma poco habitual consulte a un especialista de la reparación electrodomésticos para que compruebe que su secadora funciona correctamente o la reparare en caso de que algo no funcione bien. Entre las averías más comunes podemos encontrar: La secadora no se enciende, hace mucho ruido, la ropa sale mojada, la puerta no se abre, la ropa sale muy arrugada o muy seca, al conectarla saltan los plomos, no avanza de programa, no evacua el agua, se traga los calcetines. Para prevenir estas averías debe seguir las instrucciones del fabricante y hacer un uso responsable de su secadora durante todo el año. La secadora o secarropas es un aparato electrodoméstico que se utiliza para secar ropa después de su lavado. Su funcionamiento básico consiste en la introducción forzada de aire caliente en el interior de un tambor giratorio de capacidad variable, dentro del cual va dando vueltas lentamente la ropa húmeda. Este tambor puede ser inoxidable, cincado, esmaltado, etc. En algunos casos las toberas de entrada del aire caliente giran a la vez que el tambor y en otros son fijas y solo gira la ropa.

Todas las secadoras incorporan algún tipo de filtro donde se recogen las pelusas de la ropa, así como algún sistema de aviso óptico o acústico de la saturación de dicho filtro. Existen dos tipos principales de secadora en función del destino del aire residual que sale cargado de humedad: • Secadora de evacuación:

El aire húmedo se expulsa al exterior a través de un tubo extensible de un diámetro aproximado de 12 cm, que debe ser conducido fuera de la habitación, bien a través de una abertura en la pared o bien a través de una ventana entreabierta.

¿Evacuación, condensación o bomba de calor?

Todos sabemos que las secadoras de ropa son auténticas devoradoras de energía eléctrica, pero en algunos casos no queda más remedio que recurrir a ellas. Veamos qué tipos de secadoras existen y qué diferencia hay entre las de evacuación, condensación o las más modernas con bomba de calor.

Secadoras de evacuación

Fueron las primeras en salir al mercado y tienen un principio de funcionamiento muy sencillo: toman aire ambiente, lo calientan mediante resistencias eléctricas (aire caliente y seco) y lo pasan por el bombo donde se encuentra la ropa húmeda, de esta forma la humedad de la ropa se transfiere al aire y, finalmente, expulsan el aire húmedo al exterior a través de un tubo que tienes que ubicar en la ventana.

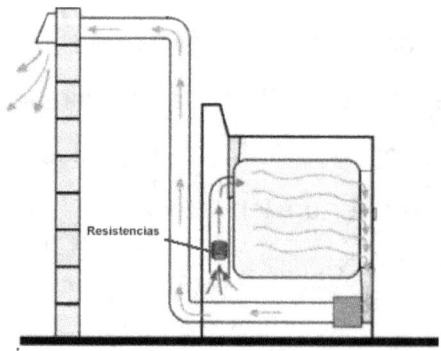

Secadoras de condensación

Estas secadoras son un poco más sofisticadas que las anteriores, el aire también lo calientan mediante resistencias eléctricas, pero después de pasarlo por el bombo (aire caliente y húmedo) le extraen la humedad haciéndolo pasar por un intercambiador refrigerado con el aire exterior, lo que hace que condense la humedad en él y caiga a una bandeja de recogida de agua.

Las anteriores secadoras de evacuación funcionan con 100% aire exterior, de forma que tiramos a la calle mucho aire caliente húmedo, y por lo tanto energía.

En las de condensación, este aire, una vez deshumectado en el intercambiador, se vuelve a enviar al bombo y, aunque puede ser que sea necesario subirle algunos grados de temperatura de nuevo.

No es lo mismo que volver a coger aire frío exterior, por lo que se ahorra energía con respecto a las de evacuación.

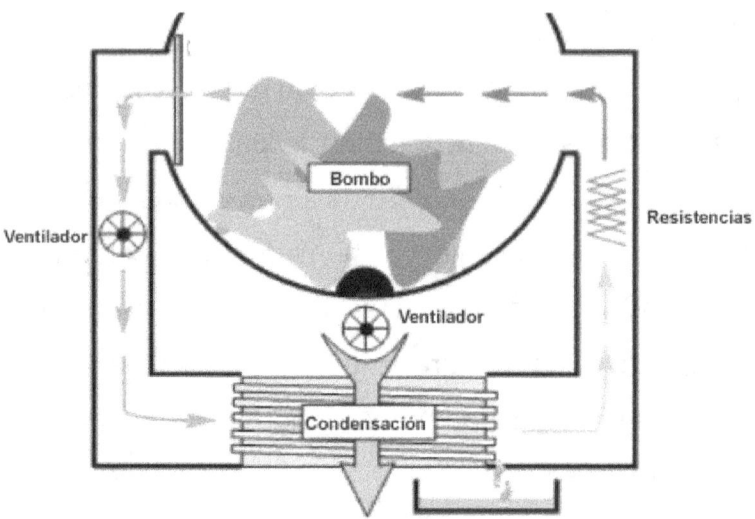

Secadoras de bomba de calor

Tienen un funcionamiento similar a las de condensación, aunque el calentamiento que antes hacían las resistencias, ahora lo hace el condensador de una bomba de calor y el enfriamiento condensación que antes hacía el intercambiador ahora lo hace el evaporador.

El principio de funcionamiento es muy similar al que hace un deshumidificador doméstico, puedes ver la explicación aquí.

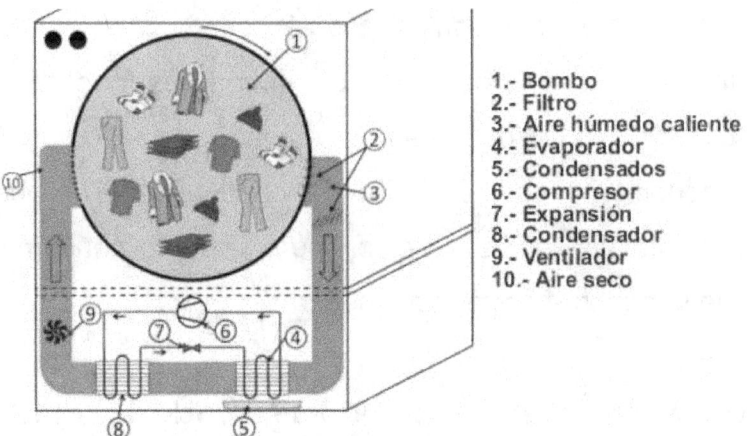

1.- Bombo
2.- Filtro
3.- Aire húmedo caliente
4.- Evaporador
5.- Condensados
6.- Compresor
7.- Expansión
8.- Condensador
9.- Ventilador
10.- Aire seco

En cuanto a consumo tenemos una ventaja fundamental: el calentamiento por bomba de calor es hasta 3 veces más eficiente que el calentamiento por resistencias.

Aunque, es posible que los ciclos de secado con este tipo de secadoras duren un poco más, ya que la bomba de calor no es capaz de calentar el aire hasta temperaturas tan altas como las resistencias.

También hay que considerar que una bomba de calor implica un compresor, sistema de expansión, etc., y cuantos más elementos tengamos en nuestra secadora, más posibilidades de avería.

¿Cuánto consume una secadora?

Una vez vistos los tipos de secadoras podemos concluir que la que más consume sería la de tipo evacuación, seguida de la de condensación y por último la de bomba de calor, pero ¿cuánto consume una secadora por cada secado?

Veamos ejemplos de consumo de un ciclo de secado a carga completa siguiendo la directiva de etiquetado energético 2010/30/EC:

Evacuación (8kg): 4,8 kWh

Condensación (8kg): 4,2 kWh

Secadora con bomba de calor (8kg): 2,2 kWh

Averías del secarropa

-Secadora no calienta: Resistencia abierta, debe medir unos 60Ω, aproximadamente.

-No funciona nada: comprobar la continuidad de los dos termostatos el switch ON OFF, la continuidad eléctrica del temporizador y el cable de red.

-Tambor no gira o gira despacio:

Comprobar o cambiar el condensador del motor, si la maquina ni siquiera empieza a girar, comprobar el switch de la puerta, que realice un cierre - activación correcta, la continuidad de los termostatos y si llega 220V al motor. Comprobar bobinados del motor si llegan 220 V a él. Ojo esta avería puede producirnos un olor a quemado por sobre calentamiento de las resistencias.

-Salta el diferencial de la vivienda: Derivación de uno de los polos a masa, ir desconectando elementos uno a uno hasta localizar el que deriva, empezar por las resistencias.

-Desgaste del soporte del tambor o el cojinete: Sustituirlo.

-Rotura del tubo de salida de aires: Suele ir roscado y con 4 tornillos en una especie de marco de plástico, es fácilmente sustituible.

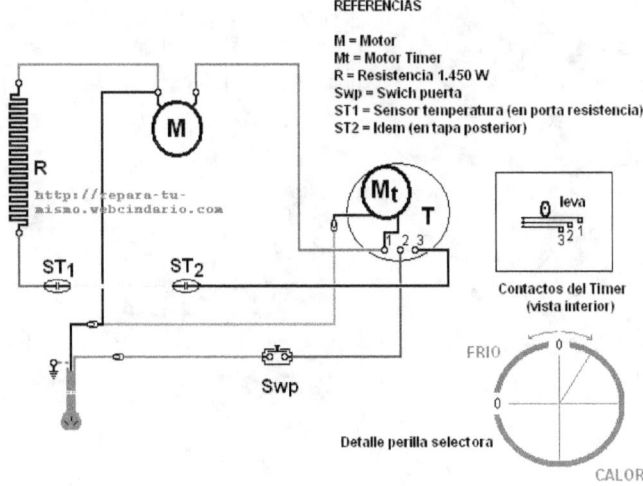

Esquema eléctrico de secarropas

Manual de Lavadoras *Ing. Miguel D'Addario*

Despiece de un secarropa

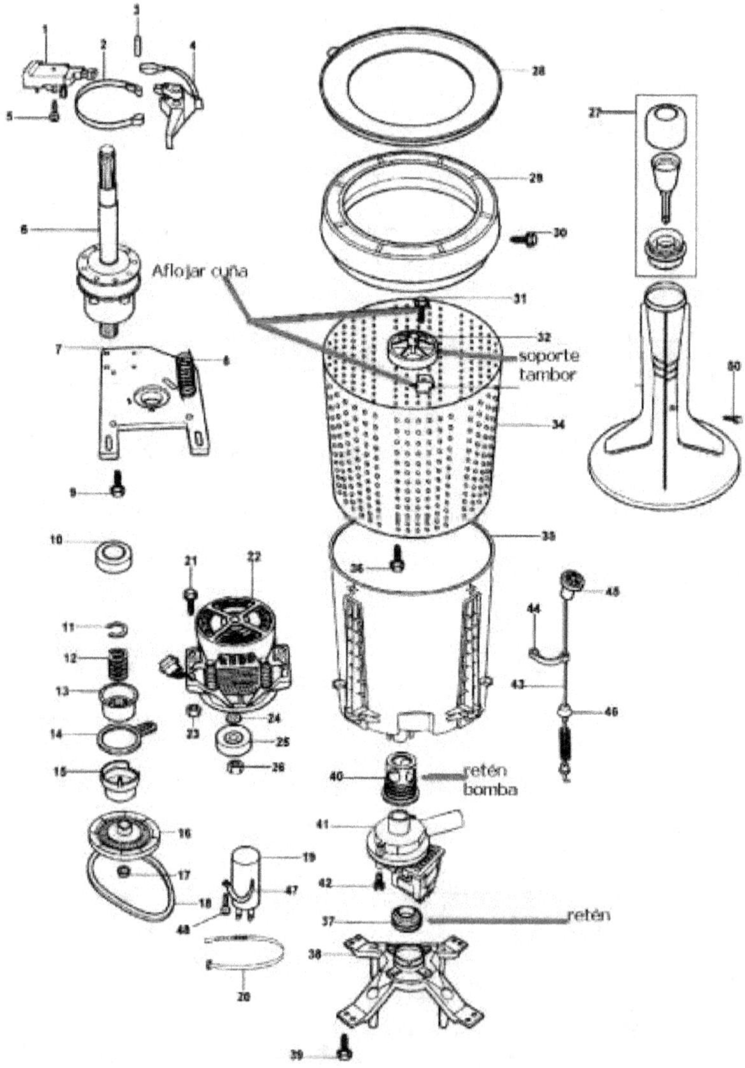

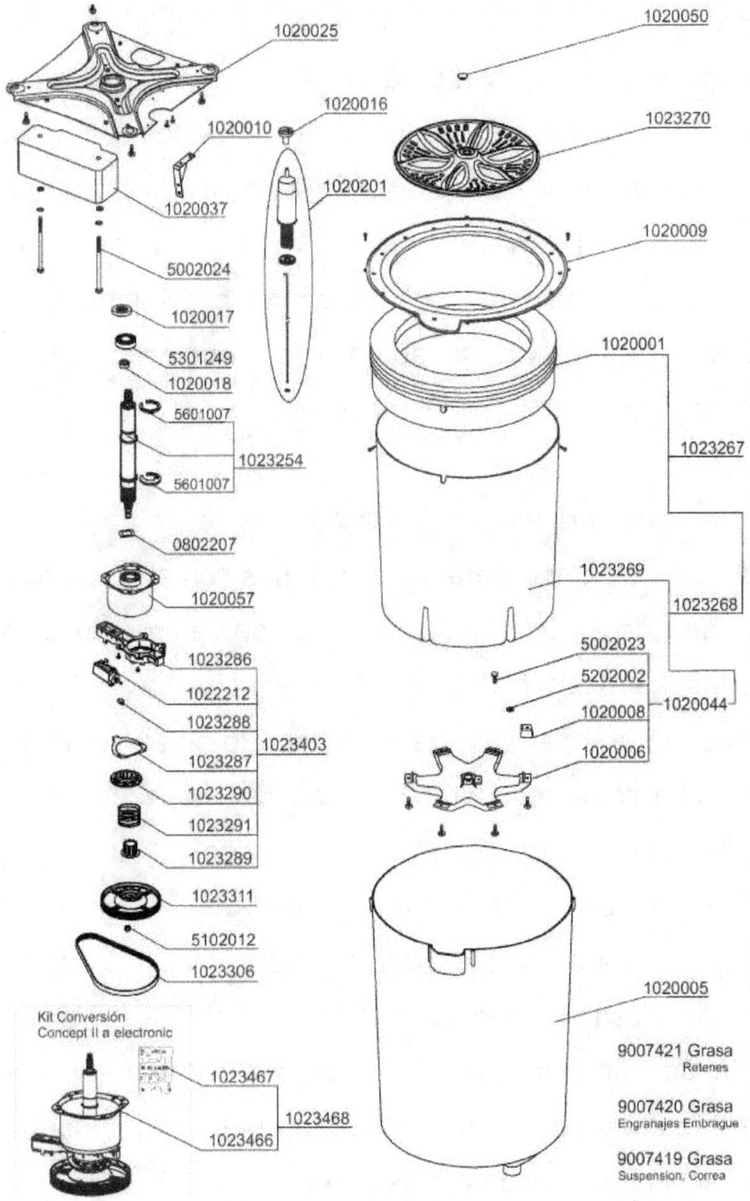

Manual de Lavadoras *Ing. Miguel D'Addario*

207

Mantenimiento de la secadora

Lo primero importante que hay que tener en cuenta es que una secadora es un electrodoméstico completamente distinto de una lavadora, por lo tanto, los productos y métodos que usaremos para su mantenimiento no será el mismo. A fin de que secadora dure más tiempo nueva te invitamos a que tanto los productos para secar como las piezas de repuesto para la secadora sean originales o las recomendadas por el fabricante.

Consejos para arreglar y mantener la secadora

Ahora os damos ciertas indicaciones con el fin de que la secadora no se estropee antes de tiempo y podáis continuar usándola durante el mayor tiempo.

Escurrir la ropa bien. Es esencial que antes de meter la ropa en la secadora nos aseguremos de escurrirla apropiadamente.

Resisar que no haya quedado nada en los bolsillos. Una moneda olvidada podría obstruir los conductos de la secadora y romperla.

No ocupar demasiado la secadora. Debemos eludir sobrecargar la secadora de ropa pues esta se podría descolgar o estropear antes de tiempo.

No echar antimanchas. Como ya hemos dicho, una secadora no es una lavadora y su función es secar no eliminar manchas aparte de que estos podrían obstruir los conductos y estropearla.

No meter ropa sucia. Para eludir que se ensucie el tambor de la secadora, las prendas deben haber sido lavadas anteriormente.

Retirar el agua del depósito. Tal vez usas una secadora de condensación que condensa agua de la ropa en un tanque o depósito, por lo se debe revisar y vaciar cada cierto tiempo o bien conectarlo al desagüe (si se puede) a fin de que lo haga de forma directa.

Limpiar la entrada/salida de aire.

Cada tres meses se debe aspirar el polvo de la rejilla delantera y trasera por donde aspira y expulsa el aire para evitar la acumulación de suciedad y se reduzca el flujo de aire necesario para su óptimo funcionamiento.

Limpiar el filtro de la secadora.

Verifica toda vez que la emplees que no hayan quedado pelusas ni nada que pueda obstruir tu máquina. Al menos una vez al año también es conveniente comprobar que la válvula esté limpia y no haya obstrucciones.

Manual de Lavadoras *Ing. Miguel D'Addario*

Esquemas

Despiece de una lavadora

VISTA EXPLOSIVA

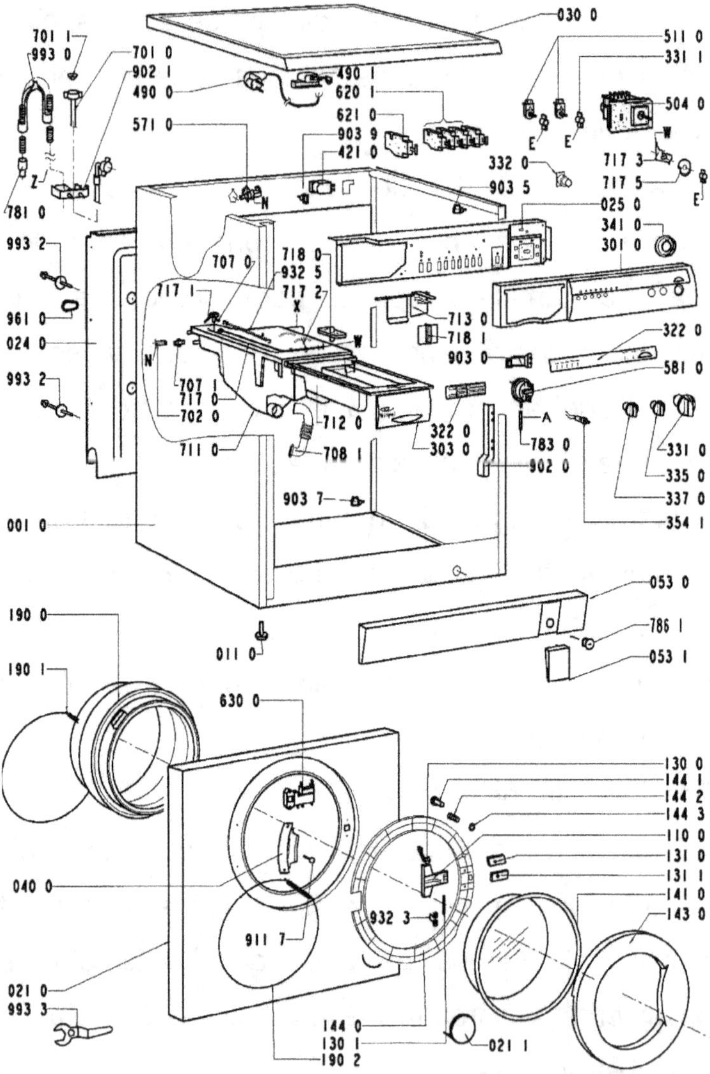

Manual de Lavadoras *Ing. Miguel D'Addario*

VISTA EXPLOSIVA

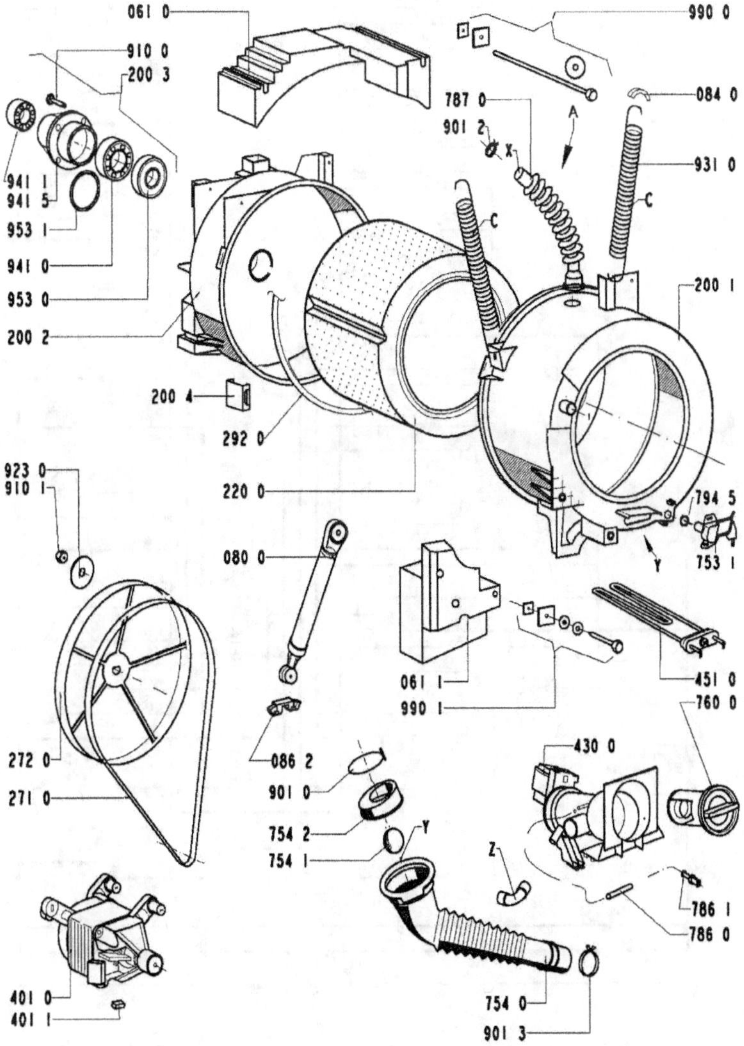

Manual de Lavadoras *Ing. Miguel D'Addario*

Circuito eléctrico de lavadora

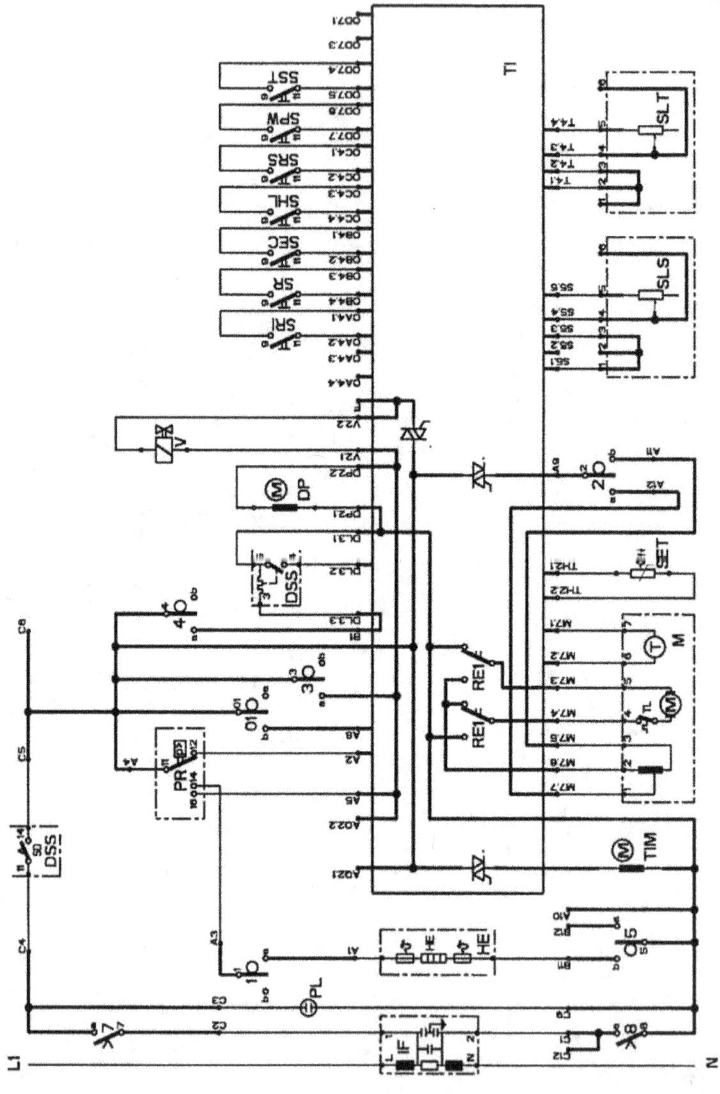

Manual de Lavadoras *Ing. Miguel D'Addario*

Diagrama del cableado de una lavadora

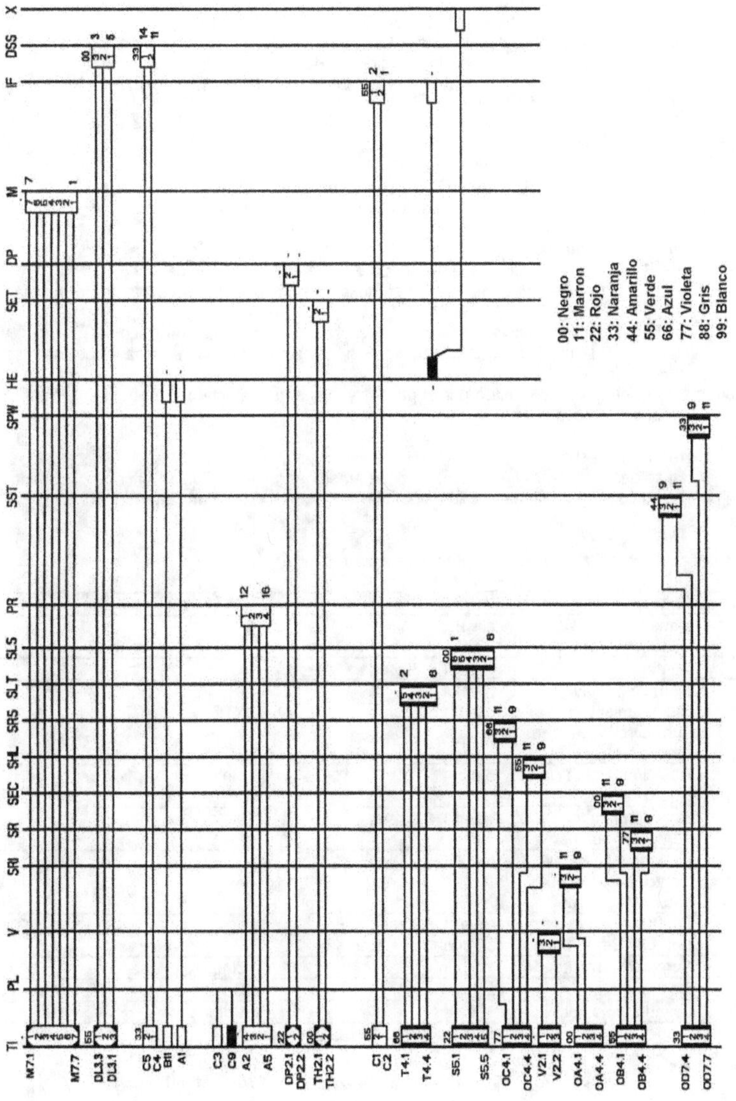

Manual de Lavadoras *Ing. Miguel D'Addario*

Testeo del programador

Borrado de programación
    a) Posicionar Programador en B (centrifugado)
    b) Mantener presionado botón de Start por más de 5 seg.
    c) Cuando el indicador de etapas (dial que se visualiza en el visor del programador) llega al stop, posicionar perilla programadora en 0.
    d) Ninguno de los interruptores de opciones (1/2 carga, prelavado, Flot, etc,) deben estar presionados

Posicionamiento de Perillas
    a) Posicionar Programador en B (centrifugado)
    b) Posicionar Selector de Temperatura en 95°C (Máx.)
    c) Posicionar Selector de Centrifugado en 1200 (Máx.)

Comienzo del programa de testeo
    a) Presionar (activar) interruptor de prelavado (por no más de 5 seg.)
    b) Presionar (de forma tal que se desactiva) interruptor de prelavado (por no más de 5 seg.)
    c) Presionar (activar) interruptor de prelavado (por no más de 5 seg.)
    d) Presionar (de forma tal que se desactiva) interruptor de prelavado (por no más de 5 seg.)

Comenzará el programa de testeo por el paso 1 y siguiendo estrictamente el orden creciente de pasos indicados en la tabla abajo transcripta.

Avance rápido de pasos:
    Si se desea saltear algún paso, se debe presionar (activar) el interruptor de prelavado, luego volver a presionar (de forma tal que se desactiva) el mismo interruptor

Tabla de pasos realizados en el programa de testeo

Paso	Función	Duración	Chequeo	
1	Llenado prelavado Calentamiento	Nivel 1 30°C / 55 min	NTC	
2	Bomba	Nivel 1 + 30 seg		
3	Llenado por lavado, Calentamiento Tambor con giro para ambos lados	Nivel 1 90 °C / 55 min	NTC	
4	Rotación tambor hacia izquierda	5 min	Motor	
5	Rotación tambor hacia derecha y bomba	Nivel 1 + 30 seg	Motor	
6	Llenado suavizante Rotación de tambor hacia la izquierda	Nivel 1 + 30 seg	Motor	
7	Bomba Bomba / Centrifugado	Nivel 1 + 30 seg 30 seg		(650 rpm)
8	Bomba / Centrifugado	1,5 min	Bloqueo puerta	(1000 rpm)
9	Centrifugado	210 seg	Motor	(máx. rpm)
10	Lavado ritmo normal	120 seg	Motor	
11	Stop	Si todo está OK, aquí se detiene		

ATENCIÓN: el ciclo de testeo se debe realizar sin ropa

Manual de Lavadoras *Ing. Miguel D'Addario*

Contactos del Timer

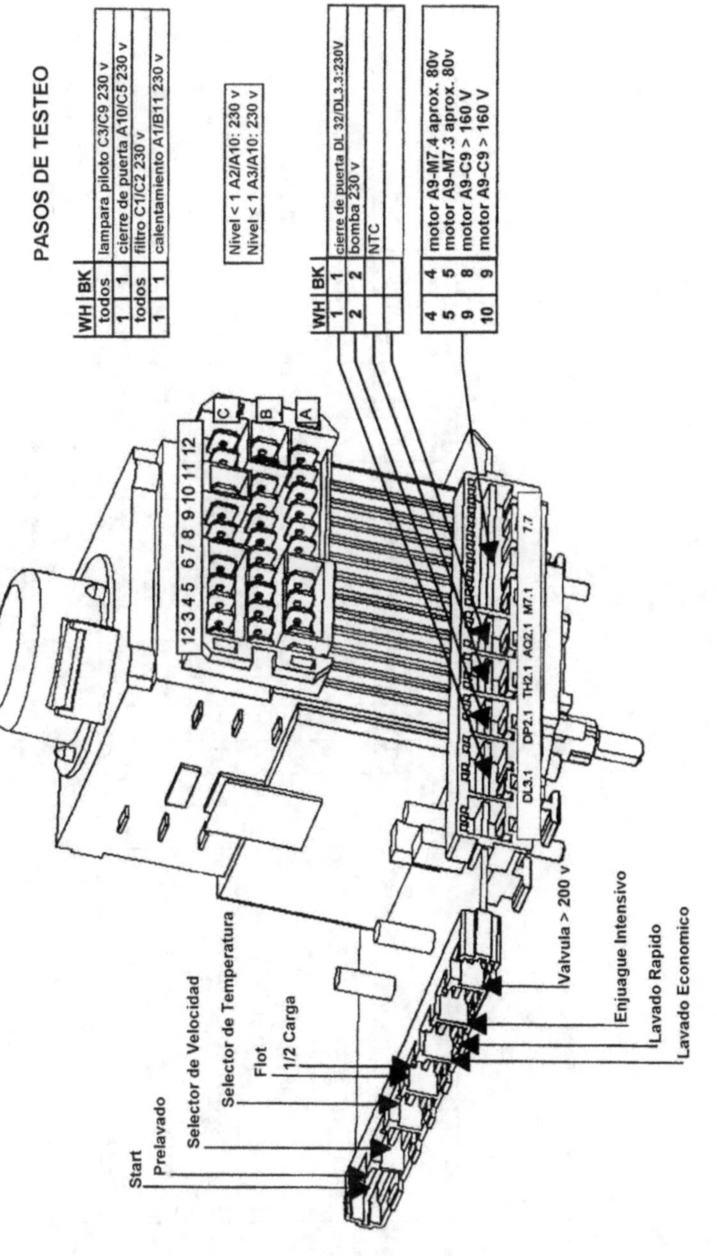

PASOS DE TESTEO

WH	BK		
todos		lampara piloto C3/C9 230 v	
1	1	cierre de puerta A10/C5 230 v	
todos		filtro C1/C2 230 v	
1	1	calentamiento A1/B11 230 v	

Nivel < 1 A2/A10: 230 v
Nivel < 1 A3/A10: 230 v

WH	BK		
1	1	cierre de puerta DL 32/DL3.3:230V	4
2	2	bomba 230 v	5
		NTC	8
			9
		motor A9-M7.4 aprox. 80v	4
		motor A9-M7.3 aprox. 80v	5
		motor A9-C9 > 160 V	9
		motor A9-C9 > 160 V	10

- Start
- Prelavado
- Selector de Velocidad
- Selector de Temperatura
- Flot
- 1/2 Carga
- Valvula > 200 v
- Enjuague Intensivo
- Lavado Rapido
- Lavado Economico

Manual de Lavadoras *Ing. Miguel D'Addario*

Tabla de programas

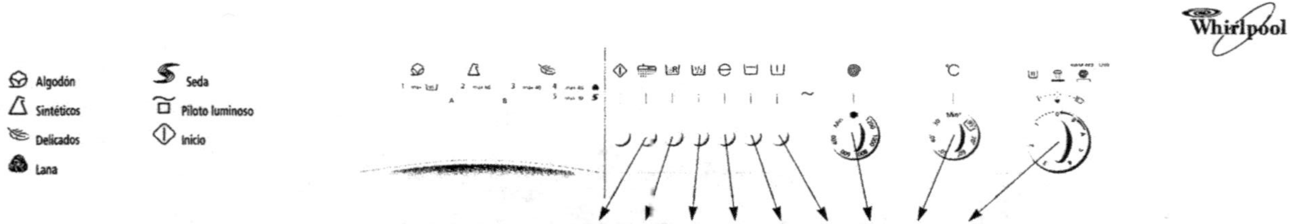

Whirlpool

- ◇ Algodón
- △ Sintéticos
- ≋ Delicados
- 🐑 Lana
- 🌿 Seda
- 🔆 Piloto luminoso
- ⇨ Inicio

PROGRAMA		Ropa / Tipo de tejido	Carga (kg)	DETERGENTE Y ADITIVOS				OPCIONES DISPONIBLES					Selector centrifugado (rpm)	Mando del termostato °C	Mando del programador	Duración del programa min. (aprox.)[2]	NOTAS
				Pre-lavado	Lavado principal	Blanqueador	Suavizante	Aclarado intensivo	Lavado rápido	1/2 carga	Economía el jabón	Parada con agua	Pre-lavado					
1	Algodón	Ropa de cama, manteles y ropa interior, toallas, camisas, etc., de algodón o lino, poco o medianamente sucios.	normal 5,0 Rápido 3,0	*	sí	*	*	*	*	*	*	*	1200	Max 95° Max 90° Max 60°	1	115 60	Si la ropa está muy sucia, se puede seleccionar también la opción "Prelavado". Si se seleccionan "Lavado rápido", las opciones "Aclarado intensivo", "1/2 carga", "Energy save" y "Prelavado" no son considerables.
2	Sintéticos	Camisetas, camisas, blusas, etc., de poliéster (dolen, trevira), poliamida (perlón, nailon) o mezclas con algodón	normal 2,5 Rápido 1,5	*	sí	*	*	*	*	*	*	*	900[1]	Max 60° Max 60° Max 60°	2	80 45	Si se selecciona "Lavado rápido", las opciones "Aclarado intensivo", "1/2 carga", "Energy save" y "Prelavado" no son considerables.
3	Delicados	Cortinas, vestidos, faldas, camisas y blusas delicados	1,5	*	sí	*	*	–	–	*	*	*	900[1]	Max 40°	3	40	–
4	Lana	Sólo prendas que no se apelmacen, con el sello Pura Lana Virgen y lavables a máquina.	1,0	–	sí	–	*	–	–	–	–	*	900[1]	Max 40°	4	35	Si se selecciona la opción "Parada con agua en el tambor", no dejar la ropa demasiado tiempo en el agua.
5	Seda	Seda y viscosa lavables a máquina.	1,0	–	sí	–	*	–	–	–	–	*	✕	Max 30°	5	35	Para evitar que la ropa se arrugue, seleccionar la posición. Si se selecciona la opción "Parada con agua en el tambor" no deja la ropa demasiado tiempo en el agua.
A	Aclarado + Centrifugado	–	5,0	–	–	–	*	–	–	–	–	–	1200	Min	A	–	Con este programa es posible tratar la ropa con almidón, blanqueador y/o suavizante. Al final se ejecuta un ciclo de centrifugado intensivo.
B	Centrifugado delicado	–	1,0	–	–	–	–	–	–	–	–	–	900[1]	Min	B	–	Con este programa se puede realizar un centrifugado corto, que es el mismo del programa Lana.

[1] Para un mejor tratamiento de las prendas: la velocidad real de centrifugado se limita a 900 rpm. max.
[2] La duración indicada corresponde a un programma efectuado a la máxima temperatura, pero sin seleccionar las opciones.

Manual de Lavadoras Ing. Miguel D'Addario

Diagrama interfuncional del proceso
Relación interdepartamental del proceso

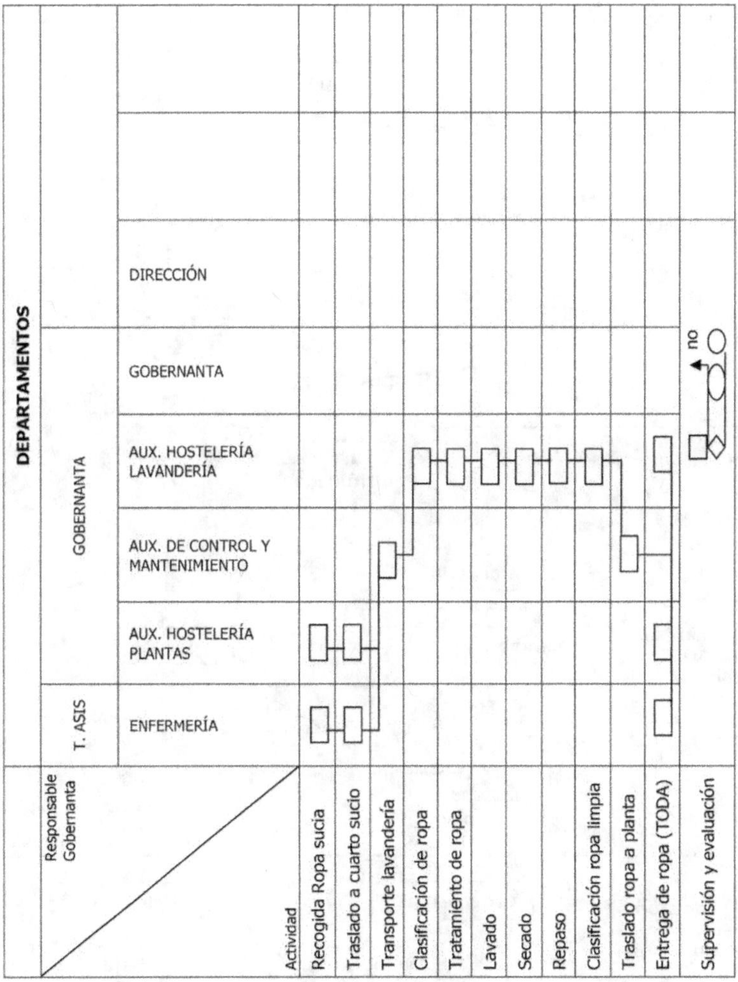

Manual de Lavadoras *Ing. Miguel D'Addario*

Diagrama de flujo detallado
Cronograma de tareas proceso de lavandería

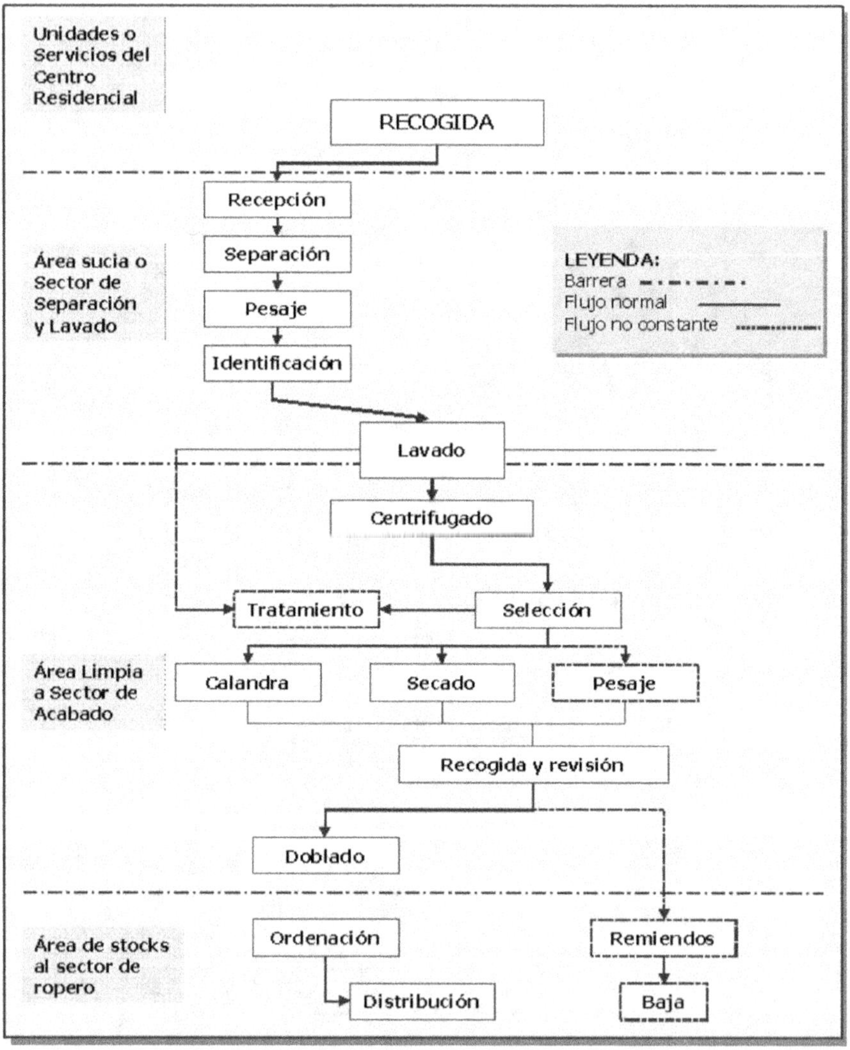

```
Unidades o Servicios del Centro Residencial
    → RECOGIDA
Área sucia o Sector de Separación y Lavado
    → Recepción
    → Separación
    → Pesaje
    → Identificación

LEYENDA:
Barrera — · — · —
Flujo normal ———
Flujo no constante ·········

    → Lavado
    → Centrifugado
    → Selección → Tratamiento

Área Limpia a Sector de Acabado
    → Calandra    Secado    Pesaje
    → Recogida y revisión
    → Doblado

Área de stocks al sector de ropero
    → Ordenación → Distribución
    → Remiendos → Baja
```

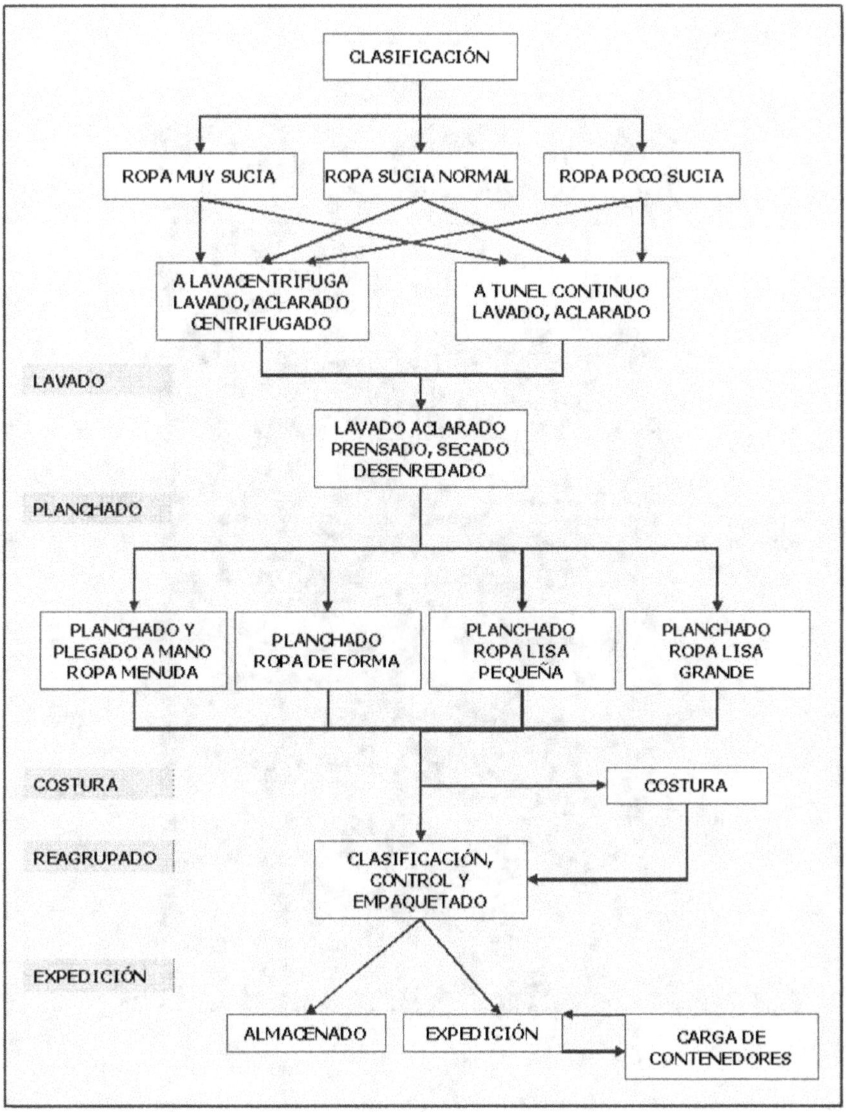

Manual de Lavadoras *Ing. Miguel D'Addario*

```
                        CLASIFICACIÓN
              ┌──────────────┼──────────────┐
              ▼              ▼              ▼
      ROPA MUY SUCIA   ROPA SUCIA NORMAL   ROPA POCO SUCIA
              │              │              │
              ▼              ▼              ▼
      A LAVACENTRIFUGA              A TUNEL CONTINUO
      LAVADO, ACLARADO              LAVADO, ACLARADO
      CENTRIFUGADO
```

LAVADO

```
              LAVADO ACLARADO
              PRENSADO, SECADO
              DESENREDADO
```

PLANCHADO

| PLANCHADO Y PLEGADO A MANO ROPA MENUDA | PLANCHADO ROPA DE FORMA | PLANCHADO ROPA LISA PEQUEÑA | PLANCHADO ROPA LISA GRANDE |

COSTURA → COSTURA

REAGRUPADO → CLASIFICACIÓN, CONTROL Y EMPAQUETADO

EXPEDICIÓN

ALMACENADO — EXPEDICIÓN — CARGA DE CONTENEDORES

Manual de Lavadoras *Ing. Miguel D'Addario*

Simbología

Lavado

Manual de Lavadoras *Ing. Miguel D'Addario*

Secado

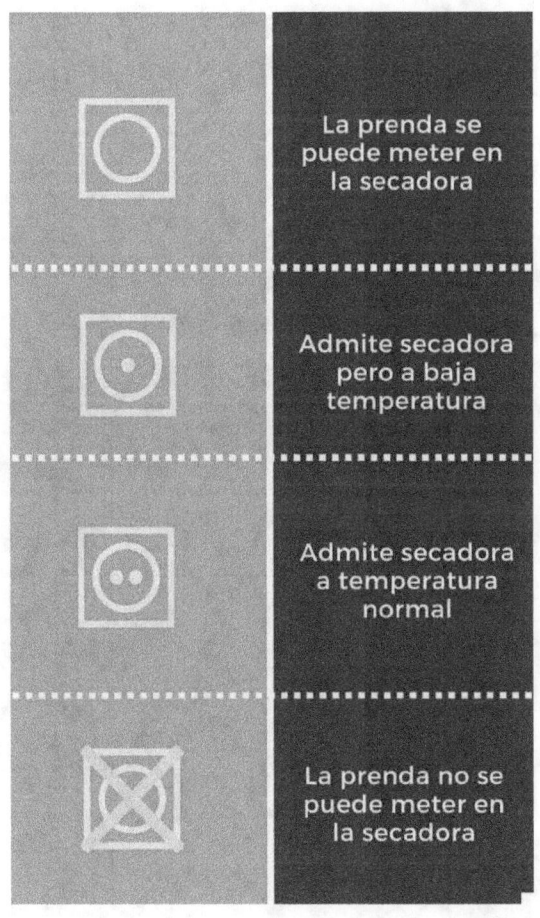

Manual de Lavadoras *Ing. Miguel D'Addario*

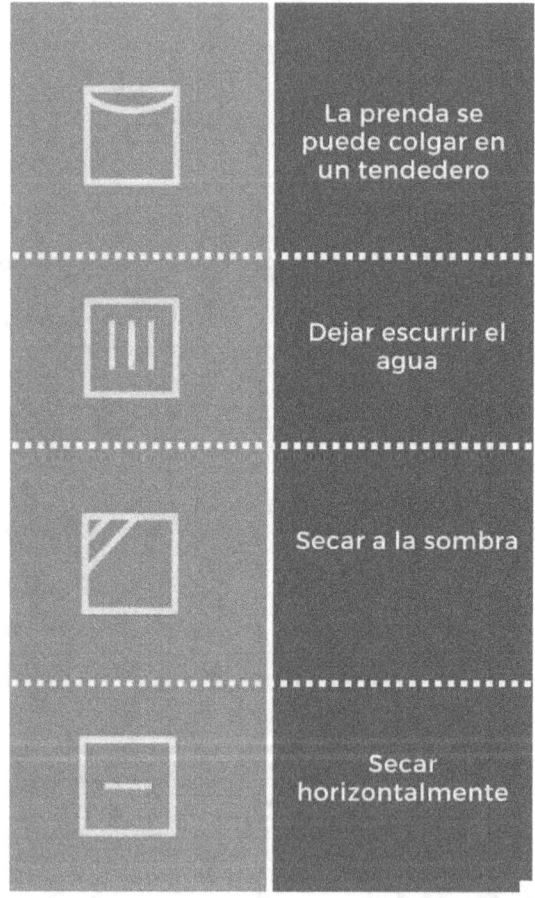

Manual de Lavadoras *Ing. Miguel D'Addario*

Uso de lejía

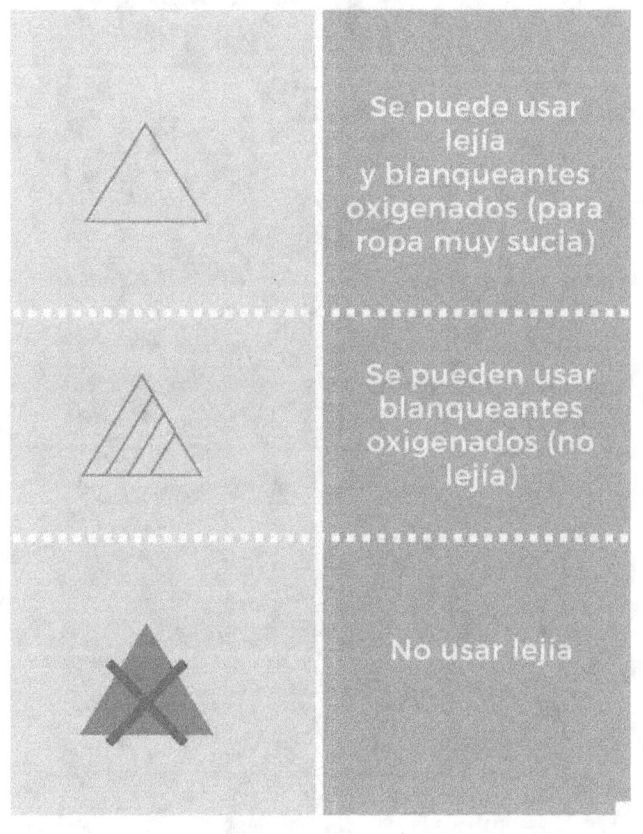

Manual de Lavadoras *Ing. Miguel D'Addario*

Planchado

Manual de Lavadoras *Ing. Miguel D'Addario*

Limpieza en seco

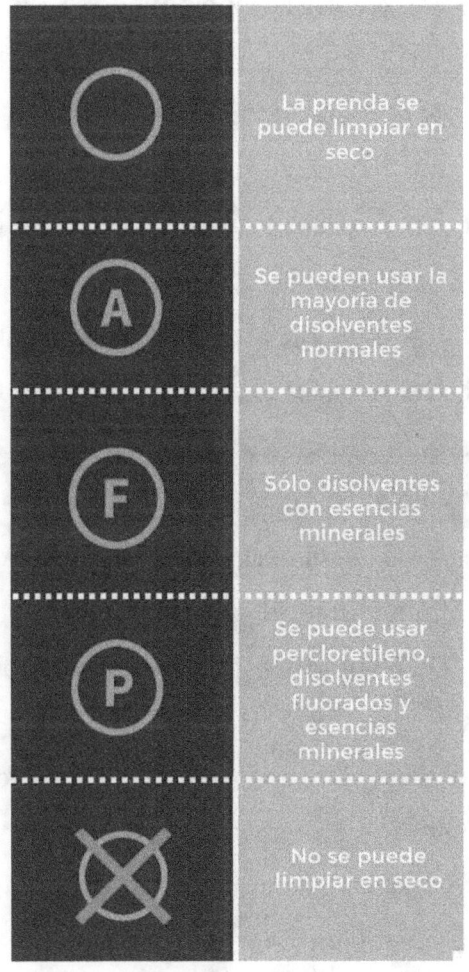

Bibliografia

-Andión, E. Higiene Hospitalaria. "Prevención y Control de Infecciones asociadas al Cuidado de la Salud". ADECI. Módulo II. Buenos Aires, 2012.

-Bonafine, N. Control de las infecciones en el lavadero.

-Durlach R, Del Castillo M. Epidemiología y Control de Infecciones en el Hospital. 1° Edición.

-Freuler, C. Vacunas en el personal de la salud.

-Durlach R, Del Castillo M. Epidemiología y Control de Infecciones en el Hospital.

-Guía de Señalética para la gestión de residuos en establecimientos de salud. Secretaria de Ambiente y Desarrollo Sustentable de la Nación.

-Maimone, S. Control de infecciones en el lavadero del hospital.

-Montalvo Varela, Viviana María. Tesis Procesos de lavado de prendas de uso hospitalario.

-Maimone S. Precauciones de aislamiento. Infecciones Hospitalaria I.

-Samalvides Cuba, F. / Mendoza Ticona, C. Bioseguridad en el hospital.

Manual de Lavadoras *Ing. Miguel D'Addario*

Manual de
Lavadoras
Domésticas e Industriales

Fundamentos, procesos, reparación y mantenimiento

Ing. Miguel D'Addario

Manual de Lavadoras *Ing. Miguel D'Addario*

Primera edición

Comunidad Europea

2019

www.ingramcontent.com/pod-product-compliance
Lightning Source LLC
Chambersburg PA
CBHW070623220526
45466CB00001B/83